Duden

LEARN ATTACK MATHEMATIK

Dudenverlag
Berlin

Bibliografische Information der Deutschen Nationalbibliothek

Die Deutsche Nationalbibliothek verzeichnet diese Publikation in der Deutschen Nationalbibliografie; detaillierte bibliografische Daten sind im Internet über http://dnb.d-nb.de abrufbar.

 D C B A
Bibliographisches Institut GmbH, Mecklenburgische Straße 53, 14197 Berlin

Redaktionelle Leitung Anika Donner
Redaktion Dr. Wiebke Salzmann

Herstellung Ursula Fürst
Layout Sigrid Hecker, Mannheim
Umschlaggestaltung SIRUP GmbH & Co. KG, Berlin
Satz Katrin Kleinschrot, Stuttgart
Druck und Bindung Mohn Media Mohndruck GmbH
Carl-Bertelsmann-Straße 161M, 33311 Gütersloh
Printed in Germany

ISBN 978-3-411-77002-1
Auch als E-Book erhältlich unter: ISBN 978-3-411-91013-7
www.duden.de

Inhalt

Vorwort

Liebe Schülerin, lieber Schüler,

dieses Buch aus der „Learn Attack“-Reihe unterstützt dich optimal während der gesamten Oberstufe, aber auch gezielt bei der Abiturvorbereitung im Fach Mathematik.

Du findest alle relevanten Themen der Sekundarstufe II verständlich erklärt und auf das Wesentliche konzentriert:

- Untersuchung und Rekonstruktion von Funktionen
- Extremwertaufgaben
- Integralrechnungen
- Lineare Algebra
- Analytische Geometrie
- Zufallsexperimente und Zufallsgrößen

Anhand von Beispielaufgaben wird dir schrittweise und somit nachvollziehbar der zentrale Stoff der Oberstufe erklärt. Zu jedem Bereich gibt es einzelne Aufgaben, mit denen du selbstständig arbeiten und zuvor Gelerntes einüben kannst.

Die ausführlichen Lösungen zu den einzelnen Aufgaben findest du am Ende des Buches.

Viel Erfolg!

Schnittpunkte, Tangenten und Normalen

1 Schnittpunkte von zwei Funktionsgraphen

- Schnittpunkte von f(x) und g(x) berechnen

2 Tangentengleichung

- Ableitung als Steigung einer Funktion und einer Tangente
- Ableitungsregeln
- Ableitung von f(x) und g(x) bestimmen
- Tangentengleichung
- Tangentengleichung zu bekanntem Berührpunkt aufstellen

3 Berührpunkte und Tangentengleichung ermitteln

- Berührpunkte berechnen
- Tangentengleichung aufstellen

4 Schnittwinkel bestimmen

- Schnittwinkel von zwei Funktionsgraphen
- Schnittwinkel der Graphen von f(x) und g(x) bestimmen

5 Normalen ermitteln

- Normalen und Normalengleichung
- Normale zu f(x) in x_0 bestimmen
- Normale zu g(x) in $x_{01} = 2$ bestimmen

MATERIAL

Tangenten und Schnittwinkel zweier Funktionsgraphen

Gegeben seien die Funktionen: $f(x) = x^2$ und $g(x) = (x - 2)^2$.

a) Bestimme den Schnittpunkt der Funktionsgraphen.

b) Es sei x_0 der x-Wert des Schnittpunktes der beiden Graphen. Stelle die Tangentengleichungen für die Tangenten an f(x) und g(x) in x_0 auf.

c) Stelle die Gleichung(en) für die Tangente(n) an g(x) auf, die durch den Ursprung geht/gehen.

d) Bestimme den Winkel, unter dem sich die Funktionsgraphen schneiden.

e) Bestimme die Normale zu f(x) in x_0 sowie die Normale zu g(x) im Berührpunkt $x_{01} = 2$ der Tangente aus Aufgabe c).

1 Schnittpunkte von zwei Funktionsgraphen

Schnittpunkte von f(x) und g(x) berechnen (Material a)

Der Schnittpunkt der Graphen zweier Funktionen wird ermittelt, indem die Funktionsterme gleich gesetzt und nach x aufgelöst werden. Die Lösung ist das gesuchte x_0:

$x^2 = (x - 2)^2 \Leftrightarrow x^2 = x^2 - 4x + 4 \Leftrightarrow -4x + 4 = 0 \Leftrightarrow 4x = 4 \Leftrightarrow x = 1$

$\Rightarrow$ Die Graphen schneiden sich bei $x_0 = 1$. Die zugehörigen Funktionswerte sind:

$f(1) = g(1) = 1 \Rightarrow$ Der Schnittpunkt ist S(1|1).

2 Tangentengleichung

WISSEN **Ableitung als Steigung einer Funktion und einer Tangente**

Die Ableitung einer Funktion gibt an, welche Steigung die Funktion in einem gegebenen Punkt hat. Um diese Steigung grafisch zu verdeutlichen, kann man auch ein Stück einer Geraden einzeichnen, die die Funktion an der betrachteten Stelle berührt. Diese „berührende" Gerade nennt man Tangente an die Funktion.

Um die Gleichung einer Tangente zu ermitteln, benötigt man daher die Steigung, d. h. die Ableitung der Funktion.

WISSEN **Ableitungen wichtiger Funktionen**

Funktion	Ableitung	Funktion	Ableitung
x^a $(a \in \mathbb{R})$	$a \cdot x^{a-1}$	e^x	e^x
$\sqrt{x}$ $(x \geq 0)$	$\frac{1}{2\sqrt{x}}$	a^x $(a \in \mathbb{R}, a > 0)$	$\ln(a) \cdot a^x$
$\ln(x)$ $(x > 0)$	x^{-1}	$\sin(x)$	$\cos(x)$
		$\cos(x)$	$-\sin(x)$

WISSEN **Ableitungsregeln**

- **Linearität der Ableitung:**
  $(a_1f_1(x) + a_2f_2(x) + \ldots + a_nf_n(x))' = a_1f_1'(x) + a_2f_2'(x) + \ldots + a_nf_n'(x)$
  (Summen von Funktionen summandenweise ableiten und konstante Vorfaktoren „mitschleppen".)
- **Produktregel:** $(f \cdot g)'(x) = f(x) \cdot g'(x) + f'(x) \cdot g(x)$
- **Quotientenregel:** $\left(\frac{f}{g}\right)'(x) = \frac{f'(x) \cdot g(x) - f(x) \cdot g'(x)}{g^2(x)}$
- **Kettenregel:** $(f \circ g)'(x) = f'(g(x)) \cdot g'(x)$ („äußere Ableitung mal innere Ableitung")

AUFGABE 1 *Bestimme die Ableitungen der folgenden Funktionen.*
a) $f(x) = 2x \cdot \cos x^2$
b) $f(x) = \sqrt{1 - x^2} \cdot \sin x$
c) $f(x) = \frac{3x + 5}{(x + 1)^2}$

Ableitung von f(x) und g(x) bestimmen (Material b)

Die Steigung in jedem Punkt des Graphen wird durch die Ableitungsfunktion $f'(x)$ bzw. $g'(x)$ beschrieben. Zur Ermittlung der Tangentengleichungen werden daher zunächst die Ableitungen der Funktionen gebildet.
Die Ableitung von $f(x)$ liest man aus der Tabelle (s. S. 6) ab:
$f(x) = x^2 \Rightarrow f'(x) = 2 \cdot x^{2-1} = 2x.$
Die Ableitung von $g(x)$ bildet man mit der Kettenregel:
$g(h(x)) = (x - 2)^2 \Rightarrow h(x) = x - 2;\ h'(x) = 1;\ g(h) = h^2,\ g'(h) = 2h$
$\Rightarrow g'(h) \cdot h'(x) = 2h \cdot 1 \Rightarrow 2(x - 2) = 2x - 4.$

WISSEN **Tangentengleichung**

Es sei f eine an einer Stelle x_0 differenzierbare reelle Funktion. Als Tangente an f in x_0 bezeichnet man diejenige Gerade, die f im Kurvenpunkt $(x_0|f(x_0))$ berührt, die also an der Stelle x_0 denselben Funktionswert und dieselbe Steigung wie f hat.

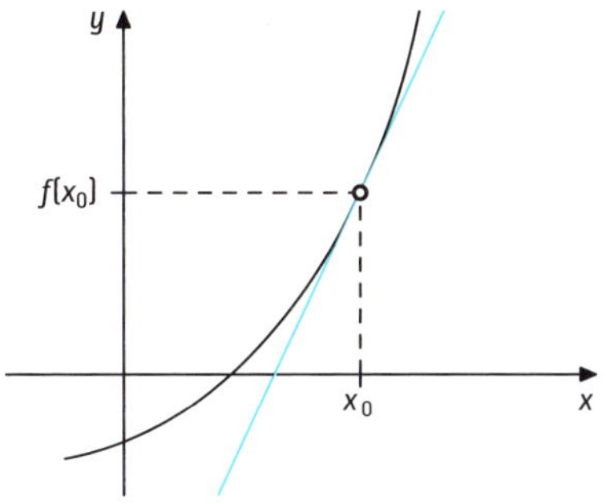

Ist f eine in x_0 differenzierbare Funktion und bezeichnet man den Funktionswert von f in x_0 mit y_0, so lautet die Gleichung der Tangente $t(x)$ an f in x_0:
$t(x) = f'(x_0) \cdot x + y_0 - f'(x_0) \cdot x_0.$
Diese Formel lässt sich wie folgt herleiten: Die Tangente ist eine Gerade, hat also eine Gleichung der Form $t(x) = mx + b$. Da die Steigung m gleich derjenigen von f in x_0 sein muss, gilt $m = f'(x_0)$, und da der Funktionswert $t(x_0)$ gleich y_0 sein muss, gilt
$y_0 = f'(x_0) \cdot x_0 + b$, also $b = y_0 - f'(x_0) \cdot x_0$.
Das ergibt genau die oben angegebene Formel.

Tangentengleichung zu bekanntem Berührpunkt aufstellen (Material b)

Die Ableitungsfunktionen f'(x) und g'(x) wurden bereits bestimmt. Die Tangenten sollen den Schnittpunkt der beiden Funktionsgraphen berühren, dieser ist also der Berührpunkt für beide Tangenten. Benötigt werden die Werte der Ableitungsfunktionen $f'(x_0)$ und $g'(x_0)$ im Berührpunkt, also im Schnittpunkt S(1|1):

$x_0 = 1; y_0 = 1.$

Tangente an f(x) in S:

$f'(x_0) = 2x_0 = 2 \Rightarrow t_f(x) = 2x + 1 - 2 \cdot 1 = 2x - 1$

Tangente an g(x) in S:

$g'(x_0) = 2x_0 - 4 = 2 - 4 = -2 \Rightarrow t_g(x) = (-2)x + 1 - (-2) \cdot 1 = -2x + 3$

3 Berührpunkte und Tangentengleichung ermitteln

WISSEN **Berechnung der Berührpunkte**

Es sei f eine differenzierbare Funktion, $P(x_P|y_P)$ ein nicht auf der Kurve liegender Punkt und t(x) eine Tangente an f durch P. Dann berechnet man die Koordinaten $(x_0|y_0)$ des Berührpunktes von t und f durch Auflösen der Gleichung: $y_P - f(x_0) = f'(x_0) \cdot (x_P - x_0)$.

Berührpunkte berechnen (Material c)

Die Tangente an g(x) soll durch den Ursprung gehen, es ist also: P(0|0) und $x_P = y_P = 0$. Damit wird die Gleichung zur Ermittlung des Berührpunktes $y_P - f(x_0) = f'(x_0) \cdot (x_P - x_0)$ (siehe Wissen) zu:

$-g(x_0) = g'(x_0) \cdot (-x_0)$.

Einsetzen der Funktionsterme von g(x) und g'(x) für $x = x_0$ in die Gleichung ergibt:

$-(x_0 - 2)^2 = (2x_0 - 4) \cdot (-x_0)$.

Diese Gleichung muss nach x_0 aufgelöst werden. Man erhält die quadratische Gleichung:

$x_0^2 - 4 = 0$ und damit $x_{01} = 2$ und $x_{02} = -2$.

Es gibt zwei Berührpunkte, also zwei Tangenten an g(x), die durch den Ursprung gehen.

Tangentengleichung aufstellen (Material c)

Um nun die Tangentengleichungen $t(x) = g'(x_0) \cdot x + y_0 - g'(x_0) \cdot x_0$ aufzustellen, geht man vor wie in Aufgabe b). Man benötigt die Steigungen und die Funktionswerte (y_0) in den Berührpunkten x_{01} und x_{02}:

$g'(2) = 2 \cdot 2 - 4 = 0; g(2) = y_{01} = (2 - 2)^2 = 0$

$t_1(x) = 0 \cdot x + 0 - 0 \cdot 2 = 0$

Diese Tangente ist eine waagerechte Gerade, die genau auf der x-Achse liegt, denn sie hat die Steigung 0 und ihre Funktionswerte sind überall 0.

$g'(-2) = 2 \cdot (-2) - 4 = -8; g(-2) = y_{02} = ((-2) - 2)^2 = 16$

$t_2(x) = -8x + 16 - (-8) \cdot (-2) = -8x$

AUFGABE 2 *Bestimme die Gleichung aller möglichen Tangenten an die Funktion $f(x) = 3x + 1$ durch den Punkt (1|1).*
Tipp: Eine Gerade ist ihre eigene Tangente, und zwar in jedem beliebigen Punkt dieser Geraden.

4 Schnittwinkel bestimmen

WISSEN **Schnittwinkel von zwei Funktionsgraphen**

Schneiden sich die Graphen zweier Funktionen f_1 und f_2 an einer Stelle x_0, so wird der Schnittwinkel der beiden Graphen definiert als der nicht stumpfe Winkel φ, den die beiden Tangenten im Schnittpunkt einschließen. Sind m_1 und m_2 die zugehörigen Tangentensteigungen, so gilt für φ:

$$\tan \varphi = \left|\frac{m_1 - m_2}{1 + m_1 \cdot m_2}\right| = \left|\frac{f_1'(x_0) - f_2'(x_0)}{1 + f_1'(x_0) \cdot f_2'(x_0)}\right|$$

Schnittwinkel der Graphen von f(x) und g(x) bestimmen (Material d)

Da die Steigungen der beiden Funktionen f(x) und g(x) bereits berechnet wurden, kann der Schnittwinkel anhand der Formel sofort berechnet werden (Schnittpunkt: S(1|1)):

$$\tan \varphi = \left|\frac{f'(x_0) - g'(x_0)}{1 + f'(x_0) \cdot g'(x_0)}\right| = \left|\frac{f'(1) - g'(1)}{1 + f'(1) \cdot g'(1)}\right| = \left|\frac{2 - (2 - 4)}{1 + 2 \cdot (2 - 4)}\right| = \left|\frac{4}{3}\right| = \frac{4}{3}$$

$\Rightarrow \varphi \approx 53°$.

5 Normalen ermitteln

WISSEN **Normalen und Normalengleichung**

Als Normale n in einem Punkt $P(x_0|f(x_0))$ des Graphen der Funktion bezeichnet man diejenige Gerade durch P, die auf der Tangente senkrecht steht.
Für die Steigung m_n der Normalen gilt:

$$m_n = -\frac{1}{m_t} = -\frac{1}{f'(x_0)} \text{ mit } f'(x_0) \neq 0.$$

Die Gleichung der Normalen lautet:

$$n(x) = \frac{-1}{f'(x_0)} \cdot x + y_0 + \frac{x_0}{f'(x_0)}.$$

Für $f'(x_0) = 0$ ist die Normale eine senkrechte Gerade mit der Gleichung $x = x_0$.

Normale zu f(x) in x_0 bestimmen (Material e)

Die Gleichung der Normalen zur Funktion $f(x) = x^2$ in $x_0 = 1$ (Schnittpunkt) ist:

$$f'(1) = 2;\ y_0 = f(1) = 1 \Rightarrow n(x) = \frac{-1}{2} \cdot x + 1 + \frac{1}{2} = -\frac{1}{2} \cdot x + \frac{3}{2}.$$

Normale zu g(x) in $x_{01} = 2$ bestimmen (Material e)

Die Normale zur Tangente $t_1(x) = 0$ ist die senkrechte Gerade $x = 2$, denn die Tangente ist eine Waagerechte mit der Steigung 0 und der Berührpunkt liegt bei $x_{01} = 2$.

AUFGABE 3

a) Gegeben sei die Funktion $f(x) = 3x^3 - x^2 - 1$. Prüfe, ob die durch die beiden Punkte $(-1|2)$ und $(3|-1)$ verlaufende Gerade eine Normale zu f an der Stelle $x_0 = 1$ ist.

b) Für welchen Wert des Parameters a hat die Funktion $f(x) = \frac{1}{3}x^3 - a^2x + 1$ an genau einer Stelle eine waagerechte Tangente? Gib die Gleichung dieser Tangente an.

SCHNITTPUNKTE, TANGENTEN UND NORMALEN

Untersuchen von Funktionen II

Kurvendiskussion

1 Definitionsbereich und Verhalten an den Rändern

- Hebbare Definitionslücken und Polstellen
- Definitionslücke und Definitionsbereich bestimmen
- Verhalten für $x \to \pm\infty$ bestimmen

2 Symmetrieeigenschaften

- Achsensymmetrie zur y-Achse untersuchen
- Punktsymmetrie zum Ursprung untersuchen

3 Achsenschnittpunkte

- Nullstellen finden
- Vielfachheit von Nullstellen
- Achsenschnittpunkte finden

4 Extrem- und Wendepunkte

- Kriterien für Extrempunkte
- Extrempunkte finden: 1. und 2. Ableitung untersuchen
- Erweitertes hinreichendes Kriterium für eine Extremstelle
- Funktionenscharen und Ortskurven
- Wendepunkt und Sattelpunkt

5 Monotonieverhalten und Asymptoten

- Monotonie und Monotonieverhalten
- Asymptoten und Asymptoten ermitteln

6 Wertebereich und Funktionsgraph

- Wertebereich ermitteln
- Funktionsgraphen zeichnen

MATERIAL

Kurvendiskussion einer gebrochen rationalen Funktion

Führe für die Funktion $g(x) = \frac{(2+x)^2}{x-2}$ eine Funktionsuntersuchung durch und skizziere den Graphen von g.

1

Definitionsbereich und Verhalten an den Rändern

WISSEN **Hebbare Definitionslücken und Polstellen**

Gebrochen rationale Funktionen haben einen Bruchterm als Funktionsterm. Dabei darf der Nenner des Bruchterms nicht gleich null sein. Hat die Nennerfunktion jedoch eine Nullstelle x_0, ist f dort nicht definiert und die Nullstelle x_0 des Nenners ist eine Definitionslücke. Dabei unterscheidet man:

- **Polstellen:** x_0 ist eine Polstelle von f, wenn nach dem vollständigen Kürzen des Bruchterms der Funktion gilt: x_0 ist Nullstelle des Nenners, aber keine Nullstelle des Zählers. Dann nähert sich der Graph von f(x) einer senkrechten Asymptote an.
- **Hebbare Definitionslücken:** Ist x_0 gleichzeitig auch Nullstelle des Zählers, kann in Zähler und Nenner der Linearfaktor $(x - x_0)$ abgespalten und gekürzt werden. x_0 ist nach der Kürzung keine Nullstelle des Nenners mehr, der gekürzte Bruchterm ist bei $x = x_0$ definiert. $x = x_0$ ist eine hebbare Definitionslücke von f.

AUFGABE 1 *Bestimme die Definitionslücken der Funktion* $f(x) = \frac{x-1}{x^2-1}$.

Definitionslücke und Definitionsbereich bestimmen (Material)

Eine Definitionslücke ergibt sich bei einer gebrochen rationalen Funktion aus der Nullstelle des Nenners: $x - 2 = 0 \Rightarrow x = 2$.

Zu prüfen ist nun, ob an der Stelle $x = 2$ eine hebbare Definitionslücke oder eine Polstelle vorliegt. Dazu berechnet man die Nullstellen des Zählers:

$(2 + x)^2 = 0 \Leftrightarrow x = -2$.

$x = 2$ ist nicht gleichzeitig auch eine Nullstelle des Zählers, die Definitionslücke ist daher nicht hebbar. g(x) hat an der Stelle $x = 2$ eine Polstelle.

Der Definitionsbereich ist demnach: $D_f = \mathbb{R} \setminus \{2\}$. Er hat Ränder für $x \to \pm\infty$ sowie rechts und links der Polstelle $x = 2$.

Verhalten für $x \to \pm\infty$ bestimmen (Material)

Entscheidend für das Verhalten einer Funktion im Unendlichen ist die höchste Potenz von x; diese steht mit x^2 im Zähler des Funktionsterms. Die Funktion geht also für $x \to \pm\infty$ betragsmäßig gegen ∞. Da der Nenner aber für $x > 2$ positiv und für $x < 2$ negativ wird, während der Zähler für alle x größer oder gleich null ist, gilt:

$$\lim_{x\to\infty} \frac{(2+x)^2}{x-2} = \infty; \lim_{x\to-\infty} \frac{(2+x)^2}{x-2} = -\infty.$$

KURVENDISKUSSION

Alternativ kann das Verhalten im Unendlichen auch bestimmt werden, indem durch die höchste gemeinsame Potenz von x in Zähler und Nenner gekürzt wird:

$\lim\limits_{x \to \infty} \frac{(2+x)^2}{x-2} = \lim\limits_{x \to \infty} \frac{4+4x+x^2}{x-2} = \lim\limits_{x \to \infty} \frac{\frac{4}{x}+4+x}{1-\frac{2}{x}} = \lim\limits_{x \to \infty} x = \infty;$

$\lim\limits_{x \to -\infty} \frac{(2+x)^2}{x-2} = \lim\limits_{x \to -\infty} x = -\infty.$

2 Symmetrieeigenschaften

Achsensymmetrie zur y-Achse untersuchen (Material)

Ist eine Funktion symmetrisch zur y-Achse, gilt: f(x) = f(−x):

$g(-x) = \frac{(2+(-x))^2}{((-x)-2)} = \frac{(2-x)^2}{-x-2} \neq g(x)$

g(x) ist nicht achsensymmetrisch.

Punktsymmetrie zum Ursprung untersuchen (Material)

Ist eine Funktion symmetrisch zum Ursprung, gilt: f(x) = −f(−x):

$-g(-x) = -\frac{(2+(-x))^2}{((-x)-2)} = -\frac{(2-x)^2}{-x-2} = \frac{(2-x)^2}{x+2} \neq g(x)$

g(x) ist nicht punktsymmetrisch.

3 Achsenschnittpunkte

Nullstellen finden (Material)

Nullstellen berechnet man, indem man den Funktionsterm gleich null setzt:

$g(x) = 0 \Leftrightarrow \frac{(2+x)^2}{x-2} = 0.$

Ein Bruch ist gleich null, wenn der Zähler gleich null ist: $(2+x)^2 = 0 \Leftrightarrow 2+x = 0 \Leftrightarrow x = -2$.
x = −2 ist (doppelte) Nullstelle N von g(x): N(−2|0).

WISSEN **Vielfachheit von Nullstellen**

In einer einfachen Nullstelle schneidet der Funktionsgraph die x-Achse, an der Nullstelle wechselt die Funktion ihr Vorzeichen.
In einer doppelten Nullstelle berührt der Funktionsgraph die x-Achse, die Funktion wechselt ihr Vorzeichen im Berührpunkt mit der x-Achse nicht.

Achsenschnittpunkte finden (Material)

Gehört x = 0 zum Definitionsbereich D_f einer Funktion f, so hat diese Funktion genau einen Schnittpunkt S mit der y-Achse; diesen erhält man durch Berechnung von f(0). Gehört x = 0 nicht zum Definitionsbereich der Funktion, so hat sie keinen y-Achsenschnittpunkt.
Zu bestimmen ist also der Funktionswert f(x = 0):

$g(0) = \frac{(2+0)^2}{0-2} = -\frac{4}{2} = -2.$

Die Funktion g(x) schneidet die y-Achse bei y = −2: S(0|−2).

4

Extrem- und Wendepunkte

WISSEN **Kriterien für Extrempunkte**

Ein Extrempunkt kann ein Hochpunkt oder ein Tiefpunkt sein:
f hat in x_0 ein lokales Maximum oder einen Hochpunkt, wenn f in keinem Punkt in der Nähe von x_0 einen größeren Wert als $f(x_0)$ annimmt.
f hat in x_0 ein lokales Minimum oder einen Tiefpunkt, wenn f in keinem Punkt in der Nähe von x_0 einen kleineren Wert als $f(x_0)$ annimmt.
Es sei f eine auf einem Intervall I differenzierbare Funktion und x_0 ein Punkt aus dem Inneren von I. Dann ist x_0 eine Extremstelle von f, wenn die erste Ableitung an der Stelle x_0 null ist: $f'(x_0) = 0$.
Die Nullstellen der ersten Ableitung sind daher die Kandidaten für Extremstellen. Um zu ermitteln, ob es sich tatsächlich um Extremstellen handelt, untersucht man die 2. Ableitung der Funktion an der Stelle x_0:
Es sei f eine auf einem Intervall I zweimal differenzierbare Funktion und x_0 ein Punkt aus dem Inneren von I mit $f'(x_0) = 0$. Dann gilt:
Ist $f''(x_0) > 0$, so hat f in x_0 ein lokales Minimum.
Ist $f''(x_0) < 0$, so hat f in x_0 ein lokales Maximum.

Extrempunkte finden: 1. und 2. Ableitung untersuchen (Material)

g(x) muss nach der Quotientenregel (siehe S. 7) abgeleitet werden:

$$g'(x) = \frac{2(2+x)\cdot(x-2) - 1\cdot(2+x)^2}{(x-2)^2} = \frac{x^2-4x-12}{(x-2)^2}.$$

Ein Bruch ist gleich null, wenn der Zähler gleich null ist:

$$g'(x) = 0 \Leftrightarrow x^2 - 4x - 12 = 0.$$

Lösen der quadratischen Gleichung (bspw. mit der pq-Formel) liefert die Nullstellen der 1. Ableitung: $x_1 = -2$; $x_2 = 6$.
Diese Werte müssen nun in die 2. Ableitung eingesetzt werden, die sich wiederum nach der Quotientenregel berechnen lässt:

$$g''(x) = \frac{(2x-4)(x-2)^2 - 2(x-2)(x^2-4x-12)}{(x-2)^4} = \frac{32}{(x-2)^3}$$

$$g''(-2) = \frac{32}{((-2)-2)^3} = \frac{32}{-64} = -\frac{1}{2} < 0$$

$$g''(6) = \frac{32}{(6-2)^3} = \frac{32}{64} = \frac{1}{2} > 0$$

g(x) hat also bei $x_1 = -2$ einen Hochpunkt H, bei $x_2 = 6$ einen Tiefpunkt T.
Nun müssen noch die Funktionswerte berechnet werden:

$$g(-2) = \frac{(2+(-2))^2}{-2-2} = 0$$

$$g(6) = \frac{(2+6)^2}{6-2} = \frac{64}{4} = 16$$

g(x) hat einen Hochpunkt H(−2|0) und einen Tiefpunkt T(6|16).

WISSEN **Erweitertes hinreichendes Kriterium für eine Extremstelle**

Hat man eine Nullstelle x_0 der ersten Ableitung f' gefunden, für die jedoch $f''(x) = 0$ gilt, so kann man nach den bisher genannten Kriterien nicht entscheiden, ob es sich um eine Minimalstelle oder eine Maximalstelle handelt. Hierfür braucht man das folgende erweiterte hinreichende Kriterium:
Es sei n eine natürliche Zahl und f eine auf einem Intervall I n-mal differenzierbare Funktion. Weiter sei x_0 ein Punkt aus dem Inneren von I mit

$f'(x_0) = f''(x_0) = \ldots = f^{(n-1)}(x_0) = 0$ und $f^{(n)}(x_0) \neq 0$.

Dann gilt:
Ist n gerade und $f^{(n)}(x_0) > 0$, so hat f in x_0 ein lokales Minimum.
Ist n gerade und $f^{(n)}(x_0) < 0$, so hat f in x_0 ein lokales Maximum.
Ist n ungerade, so hat f in x_0 kein Extremum.

AUFGABE 2 *Bestimme die Extremstellen der folgenden auf* $\mathbb{R}$ *definierten Funktionen.*
a) $f(x) = x^3$
b) $g(x) = x^4$

WISSEN **Funktionenscharen und Ortskurven**

Hängt die Funktion, deren Extremstellen gesucht werden, noch von einem Parameter k ab, so spricht man auch von einer Funktionenschar. Die Kurve, auf der sich alle diese (vom Parameter abhängigen) Extrema befinden, nennt man die Ortskurve der Extrempunkte. Man erhält die Ortskurve, indem man die Koordinaten der (von k abhängigen) Extrema bestimmt und nach k auflöst.

AUFGABE 3 *Mit einem reellen Parameter k sei die Funktionenschar* $f_k(x) = x^2 + kx + 2$ *gegeben.*
a) Berechne das Extremum der Funktion $f_k(x)$ *in Abhängigkeit vom Parameter k.*
b) Bestimme die Ortskurve aller Extrempunkte der Funktionenschar f_k*.*

WISSEN **Wendepunkt und Sattelpunkt**

Es sei f eine auf einem Intervall I differenzierbare reelle Funktion und $x_0 \in$ I. Die Funktion f hat in x_0 eine Wendestelle oder einen Wendepunkt, wenn die 1. Ableitung f' in x_0 ein lokales Extremum hat. Das bedeutet, dass $f''(x_0) = 0$ sein und in x_0 das Vorzeichen wechseln muss. f(x) hat in x_0 also einen Wendepunkt, wenn sich in x_0 die Krümmung des Funktionsgraphen ändert. (Ist $f''(x) < 0$, ist der Funktionsgraph rechtsgekrümmt, für $f''(x) > 0$ ist er linksgekrümmt.)
Durch Nullsetzen der 2. Ableitung erhält man also wieder die Kandidaten für Wendestellen, für die dann noch geprüft werden muss, ob es sich tatsächlich um Wendestellen handelt: Ist f in x_0 dreimal differenzierbar mit $f''(x_0) = 0$ und $f'''(x_0) \neq 0$, so hat der Funktionsgraph an der Stelle x_0 einen Wendepunkt.
Hat die Funktion in einem Wendepunkt zusätzlich noch eine waagerechte Tangente, gilt also $f'(x_0) = 0$, so nennt man diesen Wendepunkt einen Sattelpunkt.

AUFGABE 4 *Mit einem reellen Parameter k sei die Funktionenschar:*
$f_k(x) = x^3 + 3x^2 + 3kx - 2$ *gegeben.*
a) Für welche Werte des Parameters k besitzt die Funktion $f_k(x)$ *einen Wendepunkt? Wie lautet dieser?*
b) Für welche Werte von k ist dies ein Sattelpunkt?

Wendepunkte finden (Material)

Die 2. Ableitung von g(x) ist: $g''(x) = \frac{32}{(x-2)^3}$. Da der Zähler eine Zahl ist und daher keine Nullstelle hat, hat auch die 2. Ableitung keine Nullstelle und g(x) hat keine Wendepunkte. Die 3. Ableitung zu untersuchen, ist daher nicht nötig.

5 Monotonieverhalten und Asymptoten

WISSEN **Monotonie**

Bei differenzierbaren Funktionen gibt es ein einfaches Kriterium für Monotonie:
Es sei f eine auf einem Intervall I differenzierbare Funktion.
Ist $f'(x) \geq 0$ für alle $x \in I$, so ist f auf I monoton steigend.
Ist $f'(x) \leq 0$ für alle $x \in I$, so ist f auf I monoton fallend.
Ist $f'(x) > 0$ für alle $x \in I$, so ist f auf I streng monoton steigend.
Ist $f'(x) < 0$ für alle $x \in I$, so ist f auf I streng monoton fallend.

Monotonieverhalten (Material)

Die bereits ermittelten Nullstellen der ersten Ableitung g'(x) und die Polstelle ergeben vier zu untersuchende Intervalle: a) $x < -2$; b) $-2 < x < 2$; c) $2 < x < 6$; d) $x > 6$.
Anhand von Werten aus den jeweiligen Intervallen berechnet man nun das Vorzeichen der Steigung in den vier Intervallen:
Im Bereich a) $x < -2$ ist g mit $g'(-3) = 0{,}36 > 0$ streng monoton steigend,
im Bereich b) $-2 < x < 2$ mit $g'(0) = -3 < 0$ streng monoton fallend,
im Bereich c) $2 < x < 6$ mit $g'(3) = -15 < 0$ streng monoton fallend,
im Bereich $x > 6$ mit $g'(7) = 0{,}36 > 0$ streng monoton steigend.

WISSEN **Asymptoten**

Die Asymptote einer Funktion ist eine Gerade, an die sich der Funktionsgraph an den Rändern des Definitionsbereichs annähert.

- An einer Polstelle x_0 hat der Graph die **vertikale Asymptote** $x = x_0$.
- Gilt $\lim\limits_{x \to \pm\infty} f(x) = c$, so hat der Graph die **horizontale Asymptote** $y = c$.
  Eine horizontale Asymptote existiert immer dann, wenn Zähler- und Nennerpolynom des Funktionsterms den gleichen Grad haben.
- Divergiert f für $x \to \pm\infty$, so kann f(x) evtl. durch Polynomdivision in einen ganzrationalen Teil g(x) und einen gebrochen rationalen Restteil r(x) zerlegt werden:
  $f(x) = g(x) + r(x)$. Für g(x) gilt dann $\lim\limits_{x \to \pm\infty} [f(x) - g(x)] = 0$. Ist g eine lineare Funktion, dann heißt die Gerade $y = g(x)$ **(schräge) Asymptote** des Graphen.
  Eine schräge Asymptote existiert immer dann, wenn der Grad des Zählerpolynoms von f genau um 1 größer ist als der Grad des Nennerpolynoms.

Asymptoten ermitteln (Material)

- **Asymptote für $x \to \pm\infty$ (horizontale oder schräge Asymptote):**
  Mittels Polynomdivision wird der Funktionsterm von g(x) zur Untersuchung umgeformt: $g(x) = x + 6 + \frac{16}{x-2}$.
  Man erkennt: Für betragsmäßig große Werte von x nähert sich der Graph von g der Geraden $y = x + 6$ an. Dieses ist die schräge Asymptote von g.

- **Asymptote für $x \to 2$ (Polstelle; vertikale Asymptote):**
  Man betrachtet den rechts- und linksseitigen Grenzwert bei Annäherung an die Polstelle, indem man x-Werte knapp über 2 (rechtsseitig) bzw. knapp unter 2 (linksseitig) betrachtet:
  $\lim\limits_{\substack{x \to 2 \\ x > 2}} \left[x + 6 + \frac{16}{x-2}\right] = \infty$; $\lim\limits_{\substack{x \to 2 \\ x < 2}} \left[x + 6 + \frac{16}{x-2}\right] = -\infty$.
  g(x) hat bei der Polstelle x = 2 eine vertikale Asymptote mit Vorzeichenwechsel.

AUFGABE 5 *Bestimme die schräge Asymptote der Funktion* $f(x) = \frac{x^3 - x^2 - x + 1}{4x^2 + 16x + 12}$.

6 Wertebereich und Funktionsgraph

Wertebereich ermitteln (Material)

Der Wertebereich gibt an, welche Werte die Funktion annehmen kann. Um den Wertebereich zu ermitteln, muss man neben dem Verhalten der Funktion im Unendlichen auch die Extrempunkte und die Polstelle betrachten.
Die Funktion g(x) geht für $x \to -\infty$ gegen $-\infty$ und hat einen Hochpunkt bei (−2|0), sie geht für $x \to \infty$ gegen ∞ und hat einen Tiefpunkt bei (6|16) und außerdem an der Polstelle eine senkrechte Asymptote mit Vorzeichenwechsel.
Insgesamt bedeutet das für die Funktionswerte, einfach ausgedrückt: Die Funktion „kommt von $-\infty$", durchläuft den Hochpunkt bei f(x) = 0 und geht dann für $x \to 2$ linksseitig wieder „nach $-\infty$". Rechtsseitig von 2 kommt die Funktion „von ∞", durchläuft den Tiefpunkt bei f(x) = 16 und geht dann wieder gegen ∞. Der Wertebereich hat also eine Lücke zwischen dem Hoch- und dem Tiefpunkt für $0 < f(x) < 16$:
$W_f =]-\infty;0] \wedge [16;+\infty[$.

Funktionsgraphen zeichnen (Material)

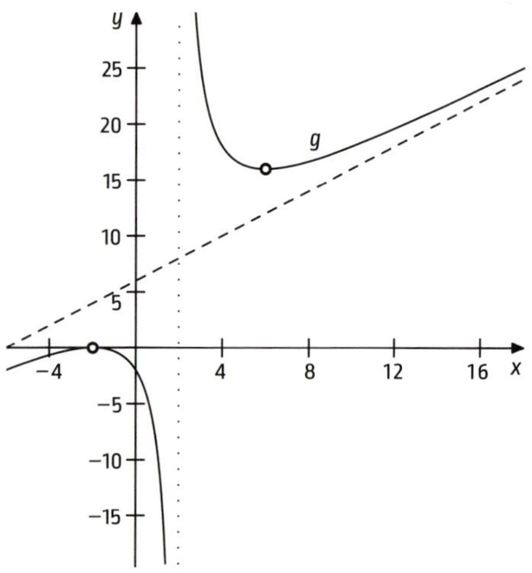

AUFGABE 6 *Führe für die Funktion $f(x) = x^3 \cdot e^{-x}$ eine Funktionsuntersuchung durch (Verhalten im Unendlichen; Symmetrieverhalten; Achsenschnittpunkte; Extrempunkte; Monotonieverhalten; Wendepunkte) und skizziere den Graphen von f.*

Rekonstruktion von Funktionen

Funktionsgleichungen ermitteln

1 Funktionsterm ansetzen

- Anzahl der Bedingungen und Grad der Polynomfunktion
- „Übersetzungsregeln"
- Textaufgabe verstehen und in Mathematik übersetzen
- Ableitung bilden
- Andere Funktionsklassen

2 Gleichungen aufstellen

- Für n Parameter n Gleichungen aus n Bedingungen

3 Gleichungssystem lösen

- Parameter bestimmen
- Funktionsterm aufstellen
- Funktionsterm prüfen

MATERIAL

Term einer quadratischen Funktion ermitteln

Die Flugbahn eines (schräg) geworfenen Gegenstandes lässt sich näherungsweise durch eine Parabel beschreiben.
Bestimme die Gleichung der Parabel, die folgenden Flug darstellt:

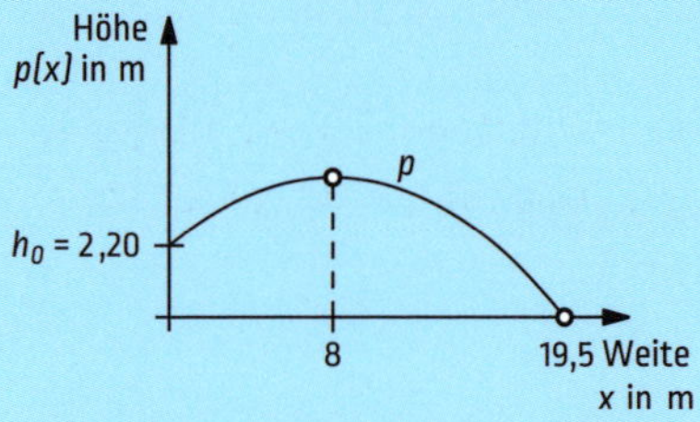

Der Gegenstand wird in einer Höhe von 2,20 m über dem Boden schräg nach oben geworfen, er erreicht seine größte Höhe in einer Entfernung von 8 m vom Abwurfpunkt und trifft in einer Entfernung von insgesamt 19,50 m auf dem Boden auf.

1 Funktionsterm ansetzen

WISSEN **Anzahl der Bedingungen und Grad der Polynomfunktion**

Sind über den Verlauf einer Polynomfunktion eine Anzahl von Bedingungen (z. B. über Nullstellen, Extremstellen, Wendestellen) vorgegeben, so lässt sich damit ein Satz von Gleichungen aufstellen, aus denen der Term der Polynomfunktion ermittelt werden kann. Es gilt dabei: Zur Bestimmung der n + 1 Koeffizienten des Terms einer Polynomfunktion n-ten Grades $f(x) = a_n x^n + a_{n-1} x^{n-1} + \dots + a_1 x + a_0$ sind n + 1 Bedingungen nötig.

WISSEN **„Übersetzungsregeln"**

Der Punkt P(a|b) liegt auf dem Funktionsgraphen	$\Leftrightarrow$ f(a) = b.
Die Steigung bei x = a hat den Wert m	$\Leftrightarrow$ f'(a) = m.
Bei x = a liegt ein Extremum vor	$\Leftrightarrow$ f'(a) = 0.
Bei x = a ist eine Wendestelle	$\Leftrightarrow$ f''(a) = 0.
Bei x = a ist ein Sattelpunkt	$\Leftrightarrow$ f'(a) = 0 und f''(a) = 0.

Textaufgabe verstehen und in Mathematik übersetzen (Material)

Die gesuchte Funktion ist eine quadratische Funktion, denn ihr Graph soll eine Parabel sein: $f(x) = ax^2 + bx + c$.
Zur Bestimmung einer quadratischen Funktion muss man die drei Parameter a, b, c bestimmen, hierfür sind drei Bedingungen notwendig. Diese muss man im Text der Aufgabe „aufspüren".
Die Angaben in Textform werden dann in die „Sprache der Mathematik übersetzt".

- **„Der Gegenstand wird in einer Höhe von 2,20 m über dem Boden schräg nach oben geworfen":** Der Abwurfpunkt liegt laut Skizze bei $x_0 = 0$. Der y-Wert ist 2,2 (Rechnung ohne Einheiten).
  $\Rightarrow$ Ein Punkt der Parabel ist: $P_1(0|2,2)$.
- **„Er erreicht seine größte Höhe in einer Entfernung von 8 m vom Abwurfpunkt":** Die größte Höhe entspricht dem Hochpunkt der Parabel. Dort ist die 1. Ableitung gleich null
  $\Rightarrow f'(8) = 0$.
- **„und trifft in einer Entfernung von insgesamt 19,50 m auf dem Boden auf":**
  Für $x_1 = 19,5$ ist der Funktionswert 0 (der Ball trifft auf den Boden).
  $\Rightarrow$ Ein zweiter Punkt der Parabel ist: $P_2(19,5|0)$

Man hat also zwei Punkte und für einen x-Wert den Wert der 1. Ableitung. Die Ableitungen der quadratischen Funktion werden daher auch benötigt (die 2. Ableitung wird später ebenfalls gebraucht).

Ableitungen bilden (Material)

$f'(x) = 2ax + b$
$f''(x) = 2a$

WISSEN **Andere Funktionsklassen**

Auch bei anderen Funktionen, beispielsweise rationalen Funktionen, Exponentialfunktionen oder Wurzelfunktionen, kann man Parameter einführen und diese dann über Vorgaben an die Funktions- oder Ableitungswerte bestimmen. Eine allgemein anwendbare Methode existiert hierfür nicht.

AUFGABE 1 *Übersetze die gegebenen Bedingungen in Mathematik.*
Bestimme jeweils diejenige Exponentialfunktion der Form $f(x) = a \cdot e^x + b \cdot e^{-x}$, die die folgenden Bedingungen erfüllt.
a) f hat im Punkt (0|1) die Steigung 3.
b) f hat im Punkt (0|2) eine waagerechte Tangente.

2 Gleichungen aufstellen

Für n Parameter n Gleichungen aus n Bedingungen (Material)

Gesucht sind drei Parameter, daher werden auch drei Gleichungen benötigt.

- **Bedingung 1:**
  Aus dem gegebenen Punkt $P_1(0|2,2)$ ergibt sich eine Gleichung, wenn man den x-Wert in den allgemeinen Funktionsterm einsetzt und diesen dann gleich dem y-Wert des Punktes setzt: $f(0) = a \cdot 0^2 + b \cdot 0 + c = 2,2 \Leftrightarrow c = 2,2$
- **Bedingung 2:**
  Aus dem Wert der 1. Ableitung für $x = 8$ erhält man: $f'(8) = 2a \cdot 8 + b = 0 \Leftrightarrow 16a + b = 0$
- **Bedingung 3:**
  Aus dem gegebenen Punkt $P_2(19,5|0)$ ergibt sich eine Gleichung, wenn man den x-Wert in den allgemeinen Funktionsterm einsetzt und diesen dann gleich dem y-Wert des Punktes setzt: $f(19,5) = a \cdot 19,5^2 + b \cdot 19,5 + c = 0 \Leftrightarrow 380,25a + 19,5b + c = 0$

Damit ergibt sich folgendes Gleichungssystem, aus dem im nächsten Unterkapitel die Parameter berechnet werden:

(I) $c = 2{,}2$

(II) $16a + b = 0$

(III) $380{,}25a + 19{,}5b + c = 0$

3 Gleichungssystem lösen

Parameter bestimmen (Material)

Die Zahl der Gleichungen kann zunächst auf zwei reduziert werden, da mit $c = 2{,}2$ aus (I) bereits ein Parameter bekannt ist:

(II) $16a + b = 0$

(III) $380{,}25a + 19{,}5b + 2{,}2 = 0$

Auflösen von (II) nach b und Einsetzen in (III) liefert:

(II) $b = -16a$

(III) $380{,}25a + 19{,}5 \cdot (-16a) = 380{,}25a - 312a = 68{,}25a = -2{,}2 \Rightarrow a \approx -0{,}032$

Einsetzen von a in (II) liefert: $b \approx 0{,}52$.

Funktionsterm aufstellen (Material)

Mit den bestimmten Parametern a, b, c ergibt sich der Funktionsterm zu:

$f(x) = -0{,}032x^2 + 0{,}52x + 2{,}2$.

Funktionsterm prüfen (Material)

Alle nicht äquivalent übersetzten Bedingungen müssen im Anschluss noch geprüft werden. Eine Bedingung war, dass die Parabel bei $x = 8$ einen Hochpunkt hat, übersetzt wurde jedoch nur in: $f'(8) = 0$. Zu prüfen wäre jetzt also, ob hier wirklich ein Hochpunkt vorliegt. Dazu wird das Vorzeichen der zweiten Ableitung an der vermuteten Extremstelle untersucht:

$f''(x) = 2a = 2 \cdot (-0{,}032) = -0{,}064 < 0$

$\Rightarrow$ Die Funktion $f(x) = -0{,}032x^2 + 0{,}52x + 2{,}2$ hat an der Stelle $x = 8$ einen Hochpunkt.

AUFGABE 2 *Bestimme die reellen Parameter a und b so, dass die gebrochen rationale Funktion*

$r(x) = \frac{x^2 - a}{(x - b)^2};\ x \neq b$

an der Stelle $x_0 = 4$ ein lokales Extremum und an der Stelle $x_1 = 5$ einen Wendepunkt hat.

Extremwertaufgaben

Optimierung mit Nebenbedingungen

1 Aufgabe mathematisch formulieren

- Extremwertaufgaben
- Aufgabe verstehen
- Skizze anfertigen
- Größen und Bedingungen zusammenstellen

2 Zielfunktion bestimmen

- Nebenbedingungen
- Formel für die zu optimierende Größe aufstellen
- Nebenbedingung in Gleichung übersetzen
- Nebenbedingungen in zu optimierende Formel einsetzen

3 Extremstellen der Zielfunktion ermitteln

- Definitionsbereich festlegen
- Lokale Extrema ermitteln
- Globale Extrema
- Globale Extrema ermitteln

MATERIAL

Optimierung eines Volumens

Aus einem Stück Pappe (60 cm × 70 cm) soll eine offene Schachtel hergestellt werden, deren Länge und Breite gleich sind. Das Volumen der Schachtel soll maximal sein.

1

Aufgabe mathematisch formulieren

WISSEN **Extremwertaufgaben**

Die Lösung von Extremwertaufgaben – oft spricht man auch von Optimierungsaufgaben – ist ein wichtiges Anwendungsgebiet der Differenzialrechnung. Das Problem besteht darin, den optimalen Wert einer Größe zu ermitteln (beispielsweise den minimalen Blechverbrauch zur Herstellung einer Konservendose), wobei noch bestimmte Nebenbedingungen zu berücksichtigen sind (in diesem Beispiel die Tatsache, dass die Konservendose ein bestimmtes Volumen haben muss).

Aufgabe verstehen (Material)

Länge und Breite der Schachtel sollen gleich sein, das bedeutet, der Boden der Schachtel ist quadratisch. Daher kann von dem Stück Pappe nur ein quadratisches Stück mit der Seitenlänge 60 cm verwendet werden. Ausgangspunkt ist also ein Quadrat mit der Seitenlänge $a = 60$ (cm; Rechnung ohne Einheiten) als Schachtelboden. Das entstehende Schachtelvolumen V soll maximal werden.

Skizze anfertigen (Material)

Anhand einer Skizze macht man sich klar, wie das „Schnittmuster" für eine solche Schachtel aussieht – aus den Ecken müssen jeweils kleinere Quadrate entfernt werden:

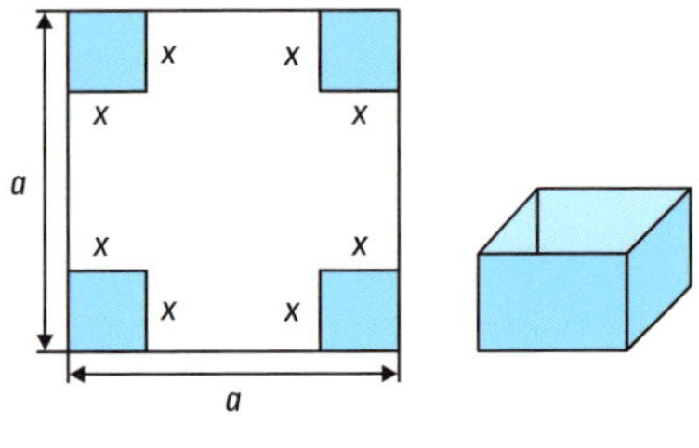

Größen und Bedingungen zusammenstellen (Material)

Das Volumen der Schachtel ist also davon abhängig, wie groß die kleinen Quadrate sind, und damit von der Seitenlänge x dieser Quadrate, denn die maximale Seitenlänge des Materialquadrates a ist durch das vorhandene Material bereits vorgegeben.

- **Gesucht:** Länge x eines zu entfernenden Quadrats in cm, für die das Volumen V maximal wird
- **Bedingung:** Seitenlänge des Materialquadrates: $a = 60$ cm

2 Zielfunktion bestimmen

WISSEN **Nebenbedingungen**

Die Aufgabenstellung ist, die Extrema einer Funktion f(x,y) von zwei Variablen x und y zu bestimmen, wobei die Variablen zusätzlich noch durch eine Gleichung verbunden sind. Man spricht dann von einer Nebenbedingung.
Man löst solche Aufgaben, indem man die Nebenbedingung (falls notwendig) nach einer der beiden Variablen auflöst und in die Funktion f einsetzt. Das ergibt eine Funktion mit nur einer Variablen, die man mit den üblichen Mitteln untersuchen kann.

Formel für die zu optimierende Größe aufstellen (Material)

Die zu optimierende Größe ist das Schachtelvolumen. Bei einer quaderförmigen Schachtel berechnet sich das Volumen aus „Grundfläche mal Höhe". Die Höhe ergibt sich aus der Seitenlänge x der zu entfernenden Quadrate, die quadratische Grundfläche hat die zunächst unbekannte Länge y:
$V(x) = y^2 \cdot x$.
Diese Gleichung enthält zwei Variablen y und x und ist daher nicht eindeutig lösbar. Über die Nebenbedingung(en) soll daher die Anzahl Variablen reduziert werden.

Nebenbedingung in Gleichung übersetzen (Material)

Von der Länge a des Materialquadrates wird durch das Entfernen der Quadrate in den Ecken zweimal die Länge x abgezogen. Damit ergibt sich für die Länge der Schachtelgrundfläche:
$y = a - 2x$

Nebenbedingungen in zu optimierende Formel einsetzen (Material)

Die Zielfunktion, also die Funktionsgleichung für das zu maximierende Volumen, erhält man, indem man die Gleichung für y, die sich aus der Nebenbedingung ergab, in die Formel für V(x) einsetzt. Dadurch wird die Anzahl Variablen um eine reduziert:
$V(x) = (a - 2x)^2 \cdot x$.
Ausmultiplizieren und zusammenfassen führt auf die Zielfunktion:
$V(x) = 4x^3 - 4ax^2 + a^2x$.

3 Extremstellen der Zielfunktion ermitteln

Definitionsbereich festlegen (Material)

Zur Ermittlung der globalen Extrema (siehe S. 24) muss man den Definitionsbereich kennen. Der Definitionsbereich D_f von V(x) ist begrenzt durch die vorhandene Materialmenge: Die Länge der kleinen Quadrate x ist nach oben begrenzt durch die halbe Länge des Materialquadrates (= 30 cm), nach unten durch 0 cm (x = 0 cm ist gleichbedeutend damit, dass überhaupt kein Quadrat entfernt wird; für x = 30 cm wird das gesamte Material entfernt). Um überhaupt eine Schachtel falten zu können, darf x jedoch nicht gleich 0 oder gleich 30 werden; 0 und 30 sind also nicht im Definitionsbereich enthalten:
$D_f =]0; 30[$.

OPTIMIERUNG MIT NEBENBEDINGUNGEN

Lokale Extrema ermitteln (Material)

Extremstellen einer Funktion ermittelt man, indem man die 1. Ableitung gleich null setzt und dann die Art des Extremums über das Vorzeichen der 2. Ableitung an der Extremstelle feststellt (siehe S. 13). Zunächst bildet man die Ableitungen der Zielfunktion:
$V'(x) = 12x^2 - 8ax + a^2$; $V''(x) = 24x - 8a$.
Notwendige Bedingung für Extrema: $V'(x) = 0 \Leftrightarrow 12x^2 - 8ax + a^2 = 0$.
Mit der p-q-Formel für die Lösung einer quadratischen Gleichung ergibt sich:

$$x_{1,2} = \frac{8a \pm 4a}{24} \Rightarrow x_1 = \frac{a}{2} = 30 \text{ (cm)};\ x_2 = \frac{a}{6} = 10 \text{ (cm)}.$$

Da $x_1 = \frac{a}{2} = 30$ nicht im Definitionsbereich liegt, ist nur $x_2 = \frac{a}{6} = 10$ ein Kandidat für eine Extremstelle. Im nächsten Schritt wird also die 2. Ableitung an der Stelle x_2 untersucht:

$$V''\left(\frac{a}{6}\right) = 24 \cdot \frac{a}{6} - 8a = 4a - 8a = -4a < 0.$$

Der Term „$-4a$" ist immer kleiner als null, weil a eine positive Zahl ist (negative Seitenlängen ergeben keinen Sinn).

$\Rightarrow$ Für $x_2 = \frac{a}{6} = 10$ hat das Schachtelvolumen V(x) ein Maximum:

$V(10) = 4 \cdot 10^3 - 4 \cdot 60 \cdot 10^2 + 60^2 \cdot 10 = 16\,000$.
Für Längenangaben in cm ergibt sich ein maximales Volumen von $16\,000 \text{ cm}^3 = 16 \text{ dm}^3$.

WISSEN **Globale Extrema**

Während lokale Extrema $f(x_E)$ in einer Umgebung von x_E den größten/kleinsten Funktionswert annehmen, nimmt die Funktion in globalen Extrema den absolut größten/kleinsten Funktionswert im gesamten Intervall an. Um festzustellen, ob ein lokales Extremum auch ein globales ist, wird das Verhalten der Funktion an den Intervallrändern untersucht.

AUFGABE 1 *Bestimme die globalen Extrema der Funktion $g(x) = x^4 - 2x^2 - 3$ in dem Definitionsbereich $[-2; 2]$.*

Globale Extrema ermitteln (Material)

Mit dem oben angewandten Kriterium für Extremstellen erkennt man keine Extrema an den Rändern des Definitionsbereiches oder an ggf. vorhandenen Sprungstellen der Funktion. V(x) ist in $D_f =]0; 30[$ differenzierbar, Sprungstellen existieren nicht. Es muss jedoch untersucht werden, ob die Funktion an den Rändern des Definitionsbereiches Werte annimmt, die größer als 16 000 sind. In diesem Fall wäre das bestimmte Extremum kein globales Maximum, d. h. kein Maximum im gesamten Definitionsbereich.
Dazu bildet man die Grenzwerte für $x \to 0$ und für $x \to 30$:

$$\lim_{x \to 0} V(x) = \lim_{x \to 0} 4x^3 - 4ax^2 + a^2x = 0$$

$$\lim_{x \to 30} V(x) = \lim_{x \to 30} 4x^3 - 4ax^2 + a^2x = 4 \cdot 30^3 - 4a \cdot 30^2 + a^2 \cdot 30$$

$$= 108\,000 - 3600a + 30a^2 = 0 \text{ (für } a = 60)$$

An den Rändern des Definitionsbereiches geht das Volumen für a = 60 cm gegen null, damit ist V(10) = 16 000 ein globales Maximum.

AUFGABE 2 *Aus einer Kreisscheibe mit dem Radius 1 Meter soll ein Rechteck mit maximalem Flächeninhalt herausgeschnitten werden. Wie sind die Maße dieses Rechtecks zu wählen?*

Integralrechnung

Integralrechnung und ihre Anwendungen

1 Stammfunktion bestimmen

- Berechnen bestimmter Integrale
- Einfache Integrationsregeln
- Stammfunktionen wichtiger Funktionen
- Stammfunktion ermitteln
- Höhere Integrationsregeln

2 Integrationsgrenzen

- Bestimmte und unbestimmte Integrale
- Integrationsgrenzen einsetzen
- Uneigentliche Integrale

3 Fläche zwischen Funktionsgraph und x-Achse

- Bestimmte Integrale und Flächenberechnungen
- Nullstellen ermitteln
- Flächen abschnittsweise berechnen

4 Exkurs: Weitere Anwendungen

- Volumen eines Rotationskörpers
- Fläche zwischen zwei Funktionsgraphen
- Bogenlänge

MATERIAL

Berechnen von bestimmten Integralen und eingeschlossenen Flächen

a) Berechne das bestimmte Integral der Funktion:

$$\int_0^1 (3x^2 - 2\sqrt{x})dx$$

b) Berechne die Fläche, die von der Funktion: $3x^2 - 2\sqrt{x}$ und der x-Achse eingeschlossen wird im Intervall [0;1].

1 Stammfunktion bestimmen

WISSEN **Berechnung bestimmter Integrale**

Während es zu jeder differenzierbaren Funktion eine eindeutige Ableitungsfunktion gibt, existieren zu einer integrierbaren Funktion unendlich viele Stammfunktionen. Der Hauptsatz der Differenzial- und Integralrechnung ermöglicht die Berechnung bestimmter Integrale über die Differenz zweier Werte einer beliebigen Stammfunktion der Integrandenfunktion.

Ist f eine im Intervall [a; b] stetige Funktion und F eine zu f gehörende Stammfunktion, so gilt:

$$\int_a^b f(x)dx = F(b) - F(a).$$

Es muss also zunächst zu einer gegebenen Funktion eine Stammfunktion gefunden werden. Die Ermittlung von Stammfunktionen zu komplexeren Integrandenfunktionen erfolgt meist in zwei Teilen: Zunächst versucht man, den Integranden mithilfe von Integrationsregeln in einfachere Teile zu zerlegen, danach ermittelt man die Stammfunktionen dieser einfacheren Teile mithilfe von Tabellen und löst so das Integrationsproblem.

WISSEN **Einfache Integrationsregeln**

Linearität des Integrals:

$$\int [a \cdot f(x) + b \cdot g(x)]dx = a \cdot \int f(x)dx + b \cdot \int g(x)dx$$

Additivität des Integrals:

$$\int_a^b f(x)dx = \int_a^c f(x)dx + \int_c^b f(x)dx$$

$$\int_a^a f(x)dx = 0$$

$$\int_a^b f(x) = -\int_b^a f(x)dx$$

WISSEN **Stammfunktionen wichtiger Funktionen**

Funktion	Stammfunktion	Bemerkung
x^a	$\frac{x^{a+1}}{a+1}$	$a \in \mathbb{R}, a \neq -1$
x^{-1}	$\ln \lvert x \rvert$	$x \neq 0$
e^x	e^x	
a^x	$\frac{a^x}{\ln a}$	$a \in \mathbb{R}, a > 0, a \neq 1$
$\sin x$	$-\cos x$	
$\cos x$	$\sin x$	

Stammfunktion ermitteln (Material a)

Um das bestimmte Integral in Aufgabe a) zu ermitteln, wird zunächst eine Stammfunktion ermittelt. Aus der Linearität des Integrals in Aufgabe a) folgt:

$$\int_0^1 (3x^2 - 2\sqrt{x})dx = \int_0^1 3x^2dx - \int_0^1 2\sqrt{x}dx = 3 \cdot \int_0^1 x^2dx - 2 \cdot \int_0^1 \sqrt{x}dx.$$

Damit ist die Integrandenfunktion durch zwei einfachere Funktionen ersetzt. Nun empfiehlt es sich noch, den Wurzelterm in Exponentenschreibweise anzugeben:

$$3 \cdot \int_0^1 x^2dx - 2 \cdot \int_0^1 x^{\frac{1}{2}}dx.$$

Aus der Tabelle oben (oder einer Formelsammlung) kann man die Stammfunktion entnehmen. Die Integrandenfunktionen sind beide vom Typ $f(x) = x^a$, die zugehörige Stammfunktion ist also: $F(x) = \frac{x^{a+1}}{a+1}$:

$$3 \cdot \int_0^1 x^2dx - 2 \cdot \int_0^1 x^{\frac{1}{2}}dx = 3 \cdot \left[\frac{x^{2+1}}{2+1}\right]_0^1 - 2 \cdot \left[\frac{x^{\frac{1}{2}+1}}{\frac{1}{2}+1}\right]_0^1 = 3 \cdot \left[\frac{x^3}{3}\right]_0^1 - 2 \cdot \left[\frac{x^{\frac{3}{2}}}{\frac{3}{2}}\right]_0^1$$

WISSEN **Höhere Integrationsregeln**

- **Integration durch Substitution – 1. Fassung der Substitutionsregel**

Durch „Umkehrung“ der Kettenregel der Differenzialrechnung kann man „kompliziertere“ Funktionen integrieren.

Lässt sich eine Integrandenfunktion als Verkettung zweier Funktionen in der Form $f(g(x)) \cdot g'(x)$ darstellen, wobei g eine in dem Intervall [a; b] stetig differenzierbare Funktion und f eine im Bereich g([a; b]) stetige Funktion ist, so gilt:

$$\int_x^b f(g(x)) \cdot g'(x)dx = \int_{g(a)}^{g(b)} f(t)dt \text{ mit } t = g(x).$$

Praktisches Vorgehen:

1. Suche einen geeigneten Substitutionsterm g(x), sodass g'(x) (ggf. bis auf einen konstanten Faktor) im Integranden als Faktor vorkommt.
2. Substituiere g(x) durch t und g'(x) dx durch dt und die Integrationsgrenzen a und b durch g(a) und g(b).
3. Berechne das neue Integral.

Beispiel: $\int_0^b \sqrt{b^2 - x^2} \cdot x\,dx$

1. Umformen: $\int_0^b \sqrt{b^2-x^2}\cdot\left(-\frac{1}{2}\right)\cdot(-2x)dx = \left(-\frac{1}{2}\right)\cdot\int_0^b \sqrt{b^2-x^2}\cdot(-2x)dx$

   Nun hat die Integrandenfunktion die Form $f(g(x))\cdot g'(x)$, mit $g(x) = b^2 - x^2$.
2. Man substituiert nun: $t = g(x) = b^2 - x^2$; $dt = g'(x)\,dx = (-2x)\,dx$; Integrationsgrenzen: $0 \rightarrow g(0) = b^2 - 0^2 = b^2$; $b \rightarrow g(b) = b^2 - b^2 = 0$ und erhält:

   $$\left(-\frac{1}{2}\right)\cdot\int_0^b \sqrt{b^2-x^2}\cdot(-2x)dx = \left(-\frac{1}{2}\right)\cdot\int_{b^2}^0 \sqrt{t}\,dt$$
3. Integral berechnen (Tipp: Wurzelausdruck in Exponentenschreibweise):

   $$\left(-\frac{1}{2}\right)\cdot\int_{b^2}^0 t^{\frac{1}{2}}\,dt = \left(-\frac{1}{2}\right)\cdot\left[\frac{t^{\frac{3}{2}}}{\frac{3}{2}}\right]_{b^2}^0 = \left(-\frac{1}{3}\right)\left[0^{\frac{3}{2}} - (b^2)^{\frac{3}{2}}\right] = \left(-\frac{1}{3}\right)(-b^3) = \frac{b^3}{3}$$

Integration durch Substitution – 2. Fassung der Substitutionsregel

Ist die Funktion f in dem Intervall [a; b] stetig und existiert auf [a; b] die Umkehrfunktion g^{-1} zur Funktion g, die im Bereich $g^{-1}([a; b])$ stetig differenzierbar ist, so gilt:

$$\int_a^b f(x)dx = \int_{g^{-1}(a)}^{g^{-1}(b)} f(g(t))\cdot g'(t)dt \text{ mit } x = g(t).$$

Praktisches Vorgehen:

1. Suche einen geeigneten Substitutionsterm $t = g^{-1}(x)$ oder $x = g(t)$, löse nach der anderen Variablen auf und bestimme $g'(t)$.
2. Substituiere x durch g(t) und dx durch g'(t) dt und die Integrationsgrenzen a und b durch $g^{-1}(a)$ und $g^{-1}(b)$.
3. Berechne das neue Integral.

   Beispiel: $\int_0^{\pi} \cos(6x)\,dx$

1. $t = 6x = g^{-1}(x) \Rightarrow g(t) = \frac{t}{6} \Rightarrow g'(t) = \frac{1}{6}$
2. Substitution: $x \rightarrow g(t)$; $dx \rightarrow g'(t)\,dt$; Integrationsgrenzen: $0 \rightarrow 6\cdot 0 = 0$, $\pi \rightarrow 6\pi$; ergibt:

   $$\int_0^{6\pi} \cos\left(6\cdot\frac{t}{6}\right)\cdot\frac{1}{6}\,dt = \frac{1}{6}\cdot\int_0^{6\pi}\cos t\,dt = \frac{1}{6}\cdot[\sin t]_0^{6\pi}$$
3. Berechne das neue Integral: $\frac{1}{6}\cdot\int_0^{6\pi}\cos t\,dt = \frac{1}{6}\cdot[\sin t]_0^{6\pi} = \frac{1}{6}\cdot(\sin 6\pi - \sin 0) = 0$

Alternativ kann man auch die gegebenen Integrationsgrenzen beibehalten, muss dann aber vor Einsetzen der Grenzen die Substitution rückgängig machen, also wieder $t = 6x$ setzen: $\frac{1}{6}\cdot[\sin 6x]_0^{\pi} = \frac{1}{6}\cdot(\sin 6\pi - \sin 0) = 0$

Partielle Integration:

Lässt sich eine Integrandenfunktion als Produkt zweier Funktionen u und v' darstellen, wobei u eine in dem Intervall [a; b] stetig differenzierbare Funktion und v' eine in [a; b] stetige Funktion ist, so gilt:

$$\int_a^b u(x)\cdot v'(x)\,dx = [u(x)\cdot v(x)]_a^b - \int_a^b u'(x)\cdot v(x)\,dx,$$

wobei v eine Stammfunktion von v' ist und u' die stetige Ableitung von u ist.

Beispiel:

$$\int_0^\pi x \cdot \sin x\,dx = [x \cdot (-\cos x)]_0^\pi - \int_0^\pi 1 \cdot (-\cos x)dx = [x \cdot (-\cos x)]_0^\pi + \int_0^\pi \cos x\,dx$$

$$= [x \cdot (-\cos x)]_0^\pi + [\sin x]_0^\pi = [\pi - 0] + [0 - 0] = \pi$$

(mit: $u(x) = x$, $v'(x) = \sin x \Rightarrow u'(x) = 1$ und $v(x) = -\cos x$)

- **Integration durch Partialbruchzerlegung**

Bei der Integration rationaler Funktionen, bei denen der Grad des Zählerpolynoms kleiner ist als der Grad des Nennerpolynoms, kann die Methode der Partialbruchzerlegung helfen. Hierbei wird der Bruchterm als Summe von Teilbrüchen dargestellt.
Jede rationale Funktion lässt sich durch Polynomdivision so umformen, dass eine Summe aus einem Polynom und einer echt gebrochen rationalen Funktion entsteht. Dann kann mithilfe der Partialbruchzerlegung integriert werden.

Beispiel: $f(x) = \frac{3x^4 - 5x^2 + 2x + 8}{x^2 - 1}$

Polynomdivision führt auf: $f(x) = 3x^2 - 2 + \frac{2x + 6}{x^2 - 1}$.

Der Nenner des Bruchterms lässt sich schreiben als: $\frac{2x + 6}{x^2 - 1} = \frac{2x + 6}{(x + 1)(x - 1)}$.

Um das Integral zu berechnen, soll der Bruchterm die Form erhalten: $\frac{A}{x+1} + \frac{B}{x-1}$

Umgeformt ergibt dies: $\frac{A}{x+1} + \frac{B}{x-1} = \frac{A(x-1) + B(x+1)}{(x+1)(x-1)} = \frac{(A+B)x + (B-A)}{(x+1)(x-1)}$

Koeffizientenvergleich mit dem Bruchterm $\frac{2x+6}{(x+1)(x-1)}$ ergibt:

$(A + B) = 2$ und $B - A = 6 \Leftrightarrow A = -2$ und $B = 4$.

Also gilt: $f(x) = 3x^2 - 2 - \frac{2}{x+1} + \frac{4}{x-1}$ und damit für das Integral:

$$\int \left(3x^2 - 2 - \frac{2}{x+1} + \frac{4}{x-1}\right) dx = x^3 - 2x - 2 \cdot \ln|x + 1| + 4 \cdot \ln|x - 1| + c$$

AUFGABE 1 *Berechne durch partielle Integration:* $\int_0^1 x^2 \cdot e^x dx$.

AUFGABE 2 *Berechne mithilfe der Partialbruchzerlegung:*
$\int \frac{6x^2 - x + 1}{x \cdot (x-1) \cdot (x+1)} dx$.

2 Integrationsgrenzen

WISSEN **Bestimmte und unbestimmte Integrale**

Der Unterschied zwischen einem bestimmten und einem unbestimmten Integral liegt im Vorhandensein von Integrationsgrenzen.

- **Als unbestimmtes Integral** einer Funktion f bezeichnet man die Menge aller Stammfunktionen von f: $\int f(x)dx = F(x) + C;\ C \in \mathbb{R}$.
  Die Stammfunktion einer gegebenen Funktion ist nicht eindeutig bestimmt; sie kann sich aber von jeder anderen nur um eine additive Konstante C unterscheiden. Wenn F(x) beispielsweise eine Stammfunktion ist, ist F(x) + 3 eine weitere.

- Für das bestimmte Integral gilt: $\int_a^b f(x)dx = F(b) - F(a)$, wenn f auf [a; b] integrierbar ist und F eine Stammfunktion von f ist. Das bestimmte Integral berechnet man also als Differenz der Werte der Stammfunktionen für die beiden Integrationsgrenzen. Die additive Konstante C fällt bei der Differenzbildung F(b) − F(a) weg.
  Während das unbestimmte Integral eine Menge von Funktionen ist, ergibt das bestimmte Integral einen konkreten Wert, beispielsweise eine Flächenmaßzahl.

AUFGABE 3 *a) Gib eine Stammfunktion der Funktion $f(x) = x^2$ an.*
b) Gib das unbestimmte Integral der Funktion $f(x) = x^2$ an.
c) Berechne das bestimmte Integral $\int_{-1}^{1} x^2\,dx$

Integrationsgrenzen einsetzen (Material a)

In Aufgabe a) ist ein bestimmtes Integral zu berechnen; in die bereits ermittelte Stammfunktion müssen also nun die Integrationsgrenzen eingesetzt werden, um F(b) − F(a) zu berechnen, und zwar für jedes der beiden Teilintegrale:

$$3 \cdot \int_0^1 x^2\,dx = 3 \cdot \left[\frac{x^3}{3}\right]_0^1 = 3 \cdot \left[\frac{1^3}{3} - \frac{0^3}{3}\right] = 1$$

$$2 \cdot \int_0^1 x^{\frac{1}{2}}\,dx = 2 \cdot \left[\frac{x^{\frac{3}{2}}}{\frac{3}{2}}\right]_0^1 = 2 \cdot \left[\frac{1^{\frac{3}{2}}}{\frac{3}{2}} - \frac{0^{\frac{3}{2}}}{\frac{3}{2}}\right] = \frac{4}{3}$$

Subtrahiert man nun die beiden Teilintegrale, erhält man:

$$3 \cdot \int_0^1 x^2\,dx - 2 \cdot \int_0^1 x^{\frac{1}{2}}\,dx = 1 - \frac{4}{3} = -\frac{1}{3}.$$

WISSEN **Uneigentliche Integrale**

Uneigentliche Integrale sind bestimmte Integrale, bei denen mindestens eine Integrationsgrenze nicht endlich ist:

$$\int_{-\infty}^{b} f(x)dx \text{ oder } \int_{a}^{\infty} f(x)dx \text{ oder } \int_{-\infty}^{\infty} f(x)dx$$

Bei der praktischen Berechnung des uneigentlichen Integrals bestimmt man zunächst den Ausdruck F(b) − F(a) und lässt anschließend b und / oder a gegen unendlich gehen.

AUFGABE 4 *Berechne das uneigentliche Integral $\int_0^{\infty} e^{-x}\,dx$.*

3 Fläche zwischen Funktionsgraph und x-Achse

WISSEN **Bestimmte Integrale und Flächenberechnungen**

Das Grundproblem der Integralrechnung ist die Berechnung der Fläche, die der Graph einer Funktion f in einem gegebenen Intervall [a; b] mit der x-Achse einschließt. Während man bei der Berechnung des bestimmten Integrals nur die Differenz F(b) − F(a) berechnet und auch negative Werte erhalten kann, muss beim Berechnen von Flächeninhalten das Ergebnis positiv sein. Dazu werden Abschnitte der Funktion mit negativen und positiven Funktionswerten einzeln integriert und betragsmäßig addiert.

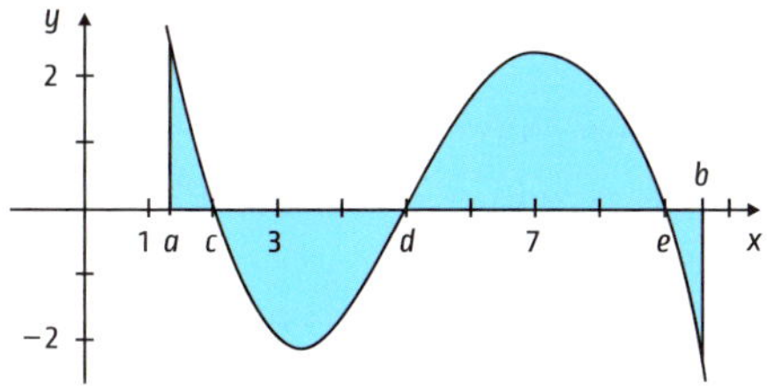

Nullstellen ermitteln (Material b)

In Aufgabe b) soll die Fläche zwischen dem Graphen der Funktion $f(x) = 3x^2 - 2\sqrt{x}$ und der x-Achse berechnet werden, und zwar in dem Intervall [0; 1].
Wenn eine Funktion Nullstellen hat, hat der Graph positive und negative Abschnitte. Die Fläche zwischen Graph und x-Achse wäre entsprechend auch abwechselnd positiv und negativ, die Flächenzahlen würden sich teilweise aufheben. Deshalb müssen abschnittsweise die Beträge der Teilflächen zwischen den Nullstellen berechnet werden.
Zunächst bestimmt man daher die Nullstellen der Funktion:

$$3x^2 - 2\sqrt{x} = 0 \Leftrightarrow 3x^2 = 2\sqrt{x} \Leftrightarrow 9x^4 = 4x \Leftrightarrow x^3 = \frac{4}{9} \Leftrightarrow x_n = \sqrt[3]{\frac{4}{9}} \approx 0{,}76$$

Flächen abschnittsweise berechnen (Material b)

Man integriert die Funktion nun in Abschnitten, wobei der erste Abschnitt von der unteren Integrationsgrenze (= 0) bis zur Nullstelle x_n reicht, der zweite Abschnitt von der Nullstelle bis zur oberen Integrationsgrenze (= 1). Damit keines der Teilintegrale negative Flächenmaßzahlen liefert, werden sie in Betragsstriche gesetzt:

$$\int_0^1 (3x^2 - 2\sqrt{x})\,dx = \int_0^1 \left(3x^2 - 2x^{\frac{1}{2}}\right) dx = \left|\int_0^{x_n} \left(3x^2 - 2x^{\frac{1}{2}}\right) dx\right| + \left|\int_{x_n}^1 \left(3x^2 - 2x^{\frac{1}{2}}\right) dx\right|$$

Die Stammfunktionen für die einzelnen Glieder wurden in Aufgabe a) schon bestimmt:

$$\left|\int_0^{x_n} \left(3x^2 - 2x^{\frac{1}{2}}\right) dx\right| + \left|\int_{x_n}^1 \left(3x^2 - 2x^{\frac{1}{2}}\right) dx\right| = \left|\left[3 \cdot \frac{x^3}{3} - 2 \cdot \frac{x^{\frac{3}{2}}}{\frac{3}{2}}\right]_0^{x_n}\right| + \left|\left[3 \cdot \frac{x^3}{3} - 2 \cdot \frac{x^{\frac{3}{2}}}{\frac{3}{2}}\right]_{x_n}^1\right|$$

Die Teilintegrale für die Abschnitte links und rechts der Nullstelle werden nun berechnet:

$$\left|\left(3 \cdot \frac{x_n^3}{3} - 2 \cdot \frac{x_n^{\frac{3}{2}}}{\frac{3}{2}} - 0\right)\right| + \left|\left(3 \cdot \frac{1^3}{3} - 2 \cdot \frac{1^{\frac{3}{2}}}{\frac{3}{2}}\right) - \left(3 \cdot \frac{x_n^3}{3} - 2 \cdot \frac{x_n^{\frac{3}{2}}}{\frac{3}{2}}\right)\right|$$

$$= \left|\left[x_n^3 - \frac{4}{3} \cdot x_n^{\frac{3}{2}}\right]\right| + \left|\left[-\frac{1}{3}\right] - \left[x_n^3 - \frac{4}{3} \cdot x_n^{\frac{3}{2}}\right]\right|$$

Mit $x_n = \sqrt[3]{\frac{4}{9}}$ ergibt sich: $\left|\left[\frac{4}{9} - \frac{4}{3} \cdot \left(\frac{4}{9}\right)^{\frac{1}{2}}\right]\right| + \left|\left[-\frac{1}{3}\right] - \left[\frac{4}{9} - \frac{4}{3} \cdot \left(\frac{4}{9}\right)^{\frac{1}{2}}\right]\right| = \frac{4}{9} + \frac{1}{9} = \frac{5}{9}$

Die Fläche zwischen f(x) und der x-Achse umfasst $\frac{5}{9}$ Flächeneinheiten.

4 Exkurs: Weitere Anwendungen

WISSEN **Volumen eines Rotationskörpers**

Es sei f(x) eine auf dem Intervall [a; b] stetige Funktion. Rotiert der Graph dieser Funktion um die x-Achse, so entsteht dabei ein Körper, den man Rotationskörper nennt. Das Volumen V dieses Körpers berechnet man nach der Formel: $V = \pi \cdot \int_a^b [f(x)]^2\,dx$.

WISSEN **Fläche zwischen zwei Funktionsgraphen**

Haben zwei Funktionen f und g zwei Schnittpunkte x_1 und x_2, so schließen ihre Graphen zwischen diesen Punkten eine Fläche ein. Den Inhalt A dieser Fläche berechnet man durch:

$$\left|\int_{x_1}^{x_2} (f(x) - g(x))dx\right|.$$

Die Betragsbildung dient wieder dazu, ein negatives Ergebnis zu vermeiden. Weiß man, dass f zwischen den beiden Schnittpunkten immer oberhalb von g verläuft, so kann man auf den Betrag auch verzichten.
Haben die Funktionen mehrere Schnittstellen x_1; x_2; ... ; x_n, so muss man die Teilflächen zwischen diesen Schnittstellen einzeln ausrechnen und die Beträge zur Gesamtfläche A summieren.

WISSEN **Bogenlänge**

Es sei f(x) eine auf dem Intervall [a; b] differenzierbare Funktion. Die Länge L des Funktionsgraphen von f(x) zwischen x = a und x = b, die sogenannte Bogenlänge dieses Kurvenstücks, berechnet man nach der Formel:

$$L = \int_a^b \sqrt{1 + (f'(x))^2}\, dx.$$

AUFGABE 5

a) Berechne den Flächeninhalt, der von den Graphen folgender Funktionen eingeschlossen wird:
$f(x) = \frac{1}{3}x^3 - \frac{4}{3}x$; $g(x) = \frac{1}{3}x^2 + \frac{2}{3}x$.

b) Für $x \geq 0$ *sei* $f(x) = \sqrt{e^{2x} - 1}$. *Weiter sei F(x) eine beliebige Stammfunktion von f(x). Berechne die Länge des Graphen von F(x) über dem Intervall [0; 1].*

c) Beweise durch Berechnung des Volumens eines geeigneten Rotationskör pers die folgende elementargeometrische Formel:
Das Volumen eines Kreiszylinders mit Radius r und Höhe h ist
$V = \pi \cdot h \cdot r^2$.

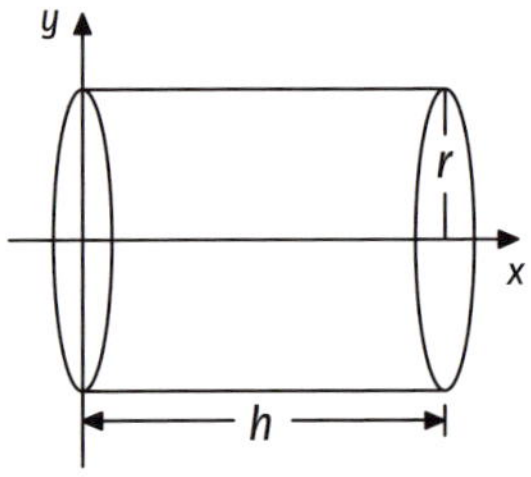

Vektorrechnung

1 Rechnen mit Vektoren

- Addition von zwei Vektoren
- Multiplikation eines Vektors mit einer Zahl
- Linearkombination von Vektoren
- Vektorkette

2 Streckenverhältnis

- Streckenverhältnis mit Vektorenkette ermitteln
- Lineare Unabhängigkeit
- Vektorkette bilden
- Vektor und Repräsentant
- Unbekannte Vektoren als Linearkombinationen
- Gegenvektor
- Aufstellen und Lösen des Gleichungssystems aus der Vektorkette

3 Betrag von und Winkel zwischen Vektoren

- Betrag eines Vektors
- Skalarprodukt
- Ortsvektoren
- Winkel zwischen zwei Vektoren berechnen
- Länge der Diagonalen berechnen

4 Normalenvektor

- Normalenvektor berechnen
- Einheitsvektor

5 Exkurs: Matrizen

- Rechnen mit Matrizen
- Abbildungs- und Übergangsmatrizen

MATERIAL

Streckenteilung, Betrag und Winkel zwischen Vektoren sowie Normalenvektor berechnen

Gegeben sind die Parallelogramme ABCD und AHSG. Der Punkt T teilt die Seite BC im Verhältnis 3 : 1, d. h., $\overline{BT} = 3 \cdot \overline{TC}$.

a) In welchem Verhältnis teilt der Schnittpunkt S die Diagonale AC?

b) Die Koordinaten von B und D seien: D(0|3|4) und B(0|4|0). A liege im Ursprung. Bestimme den Winkel zwischen den Ortsvektoren $\overrightarrow{OD}$ und $\overrightarrow{OB}$ sowie die Länge der Diagonalen $\overrightarrow{AC}$.

c) Berechne den Normalenvektor zu $\overrightarrow{OD}$ und $\overrightarrow{OB}$, der gleichzeitig Einheitsvektor ist.

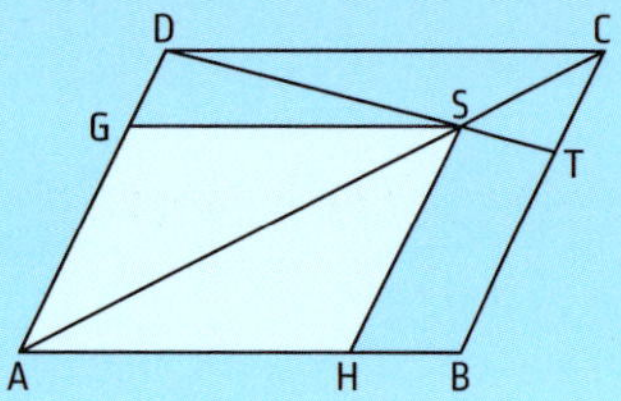

1 Rechnen mit Vektoren

WISSEN **Addition von zwei Vektoren**

Zwei Vektoren werden komponentenweise addiert:

$$\vec{a} + \vec{b} = \begin{pmatrix} a_1 \\ a_2 \\ a_3 \end{pmatrix} + \begin{pmatrix} b_1 \\ b_2 \\ b_3 \end{pmatrix} = \begin{pmatrix} a_1 + b_1 \\ a_2 + b_2 \\ a_3 + b_3 \end{pmatrix}.$$

Subtraktion zweier Vektoren erfolgt analog ebenfalls komponentenweise.

WISSEN **Multiplikation eines Vektors mit einer Zahl**

Ein Vektor wird komponentenweise mit einer reellen Zahl vervielfacht:

$$r \cdot \vec{a} = r \cdot \begin{pmatrix} a_1 \\ a_2 \\ a_3 \end{pmatrix} = \begin{pmatrix} r \cdot a_1 \\ r \cdot a_2 \\ r \cdot a_3 \end{pmatrix}.$$

Multiplikation eines Vektors mit −1 „dreht den Vektor um".

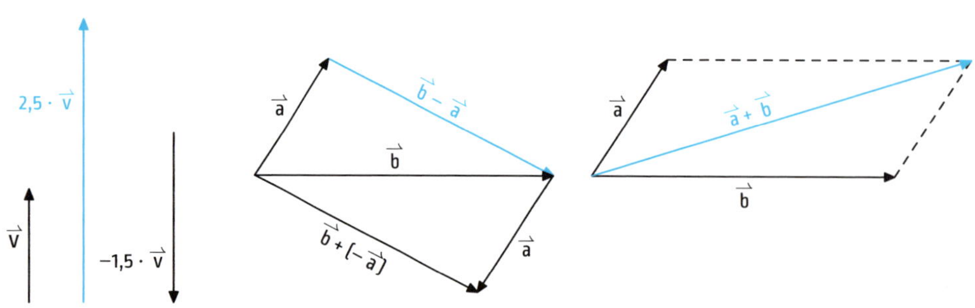

WISSEN **Linearkombination von Vektoren**

Eine Linearkombination von Vektoren ist eine Summe von Vielfachen dieser Vektoren:
$\vec{v} = \lambda_1 \cdot \vec{v_1} + \lambda_2 \cdot \vec{v_2} + \ldots + \lambda_n \cdot \vec{v_n}$.

WISSEN **Vektorkette**

Eine geschlossene Vektorkette ist eine Summe von Vektoren, die den Nullvektor $\vec{0} = \begin{pmatrix} 0 \\ 0 \\ 0 \end{pmatrix}$ als Summenvektor hat:
$\vec{a} + \vec{b} + \vec{c} + \vec{d} + \vec{e} = \vec{0}$

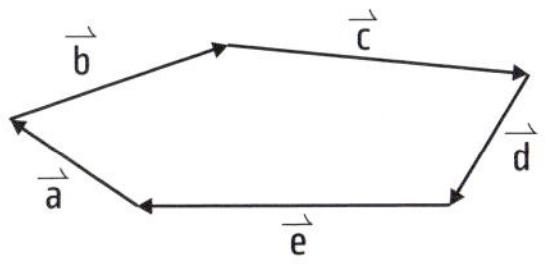

AUFGABE 1 *Kann der Vektor $\vec{c}$ als Linearkombination der Vektoren $\vec{a}$ und $\vec{b}$ dargestellt werden?*

$$\vec{c} = \begin{pmatrix} \frac{9}{2} \\ 12 \\ -3 \end{pmatrix}; \vec{a} = \begin{pmatrix} \frac{3}{2} \\ 4 \\ -1 \end{pmatrix}; \vec{b} = \begin{pmatrix} -2 \\ -\frac{16}{3} \\ \frac{4}{3} \end{pmatrix}.$$

2 Streckenverhältnis

Streckenverhältnis mit Vektorkette ermitteln (Material a)

Es soll ermittelt werden, in welchem Verhältnis die Strecke TD die Diagonale AC teilt. Zur Lösung solcher Aufgaben bildet man eine geschlossene Vektorkette, in der die betreffenden Strecken als Vektoren enthalten sind. Die Vektoren der Kette werden als Linearkombinationen geeigneter Vektoren dargestellt – die Vektoren müssen linear unabhängig sein und den Nullvektor ergeben. Hieraus erhält man ein Gleichungssystem aus zwei bzw. drei Gleichungen. Aus dessen Lösungen können die Streckenverhältnisse gewonnen werden.

WISSEN **Lineare Unabhängigkeit**

Vektoren heißen genau dann linear abhängig, wenn mindestens einer der Vektoren sich als Linearkombination der anderen Vektoren darstellen lässt. Anderenfalls nennt man die Vektoren linear unabhängig.

Vektorkette bilden (Material a)

Die Seiten des Parallelogramms sollen als Vektoren dargestellt werden, um eine Vektorkette bilden zu können. Man definiert daher:
lange Seite: $\vec{a} = \overrightarrow{AB} = \overrightarrow{DC}$; kurze Seite: $\vec{b} = \overrightarrow{BC} = \overrightarrow{AD}$.
Der Blick auf das Parallelogramm zeigt, dass die Vektoren $\vec{a}$ und $\vec{b}$ für die kurze und die lange Seite linear unabhängig sind. Wären sie linear abhängig, müsste der eine sich als Linearkombination des anderen darstellen lassen – das kann im Fall einer „Linearkombination" aus nur einem Vektor nur bedeuten, dass der eine ein Vielfaches des anderen sein müsste. Das ist aber offensichtlich nicht der Fall, denn beide sind nicht parallel.

Da die obere und untere sowie die linke und rechte Seite des Parallelogramms jeweils parallel sind, werden sie durch denselben Vektor beschrieben. Jede der beiden parallelen Seiten ist (als Pfeil der oben festgelegten Orientierung aufgefasst) ein Repräsentant desselben Vektors: $\overrightarrow{BC}$ und $\overrightarrow{AD}$ (also die Vektoren von B zu C bzw. von A zu D) sind beide Repräsentanten desselben Vektors.
Eine Vektorkette, die den gesuchten Streckenabschnitt enthält, ist: $\overrightarrow{AS} + \overrightarrow{SD} + \overrightarrow{DA} = \vec{0}$.
Die unbekannten Vektoren müssen als Linearkombinationen der bekannten Seiten des Parallelogramms $\vec{a}$ und $\vec{b}$ dargestellt werden.

WISSEN **Vektor und Repräsentant**

Ordnet man einer Strecke eine Orientierung zu, indem man Anfangs- und Endpunkt festlegt, so erhält man einen Pfeil. Ein Vektor ist die Menge aller Pfeile mit gleicher Länge, Richtung und Orientierung. Jeder Pfeil eines Vektors heißt Repräsentant des Vektors.

Unbekannte Vektoren als Linearkombinationen (Material a)

$\overrightarrow{AS}$ ist der gesuchte Vektor.
Dieser ergibt sich aus der Diagonale, indem man diese mit einem (noch unbekannten) Faktor r multipliziert (wobei dieser Faktor < 1 ist):
$\overrightarrow{AS} = r \cdot \overrightarrow{AC}$.
$\overrightarrow{AC}$ ist die Summe der beiden Vektoren $\vec{a}$ und $\vec{b} \Rightarrow \overrightarrow{AC} = \vec{a} + \vec{b}$
$\Rightarrow \overrightarrow{AS} = r \cdot (\vec{a} + \vec{b}) = r \cdot \vec{a} + r \cdot \vec{b}$.

Der Vektor $\overrightarrow{SD}$ ergibt sich, indem man den Vektor $\overrightarrow{TD}$ mit einem (noch unbekannten) Faktor s multipliziert (wobei dieser Faktor < 1 ist):
$\overrightarrow{SD} = s \cdot \overrightarrow{TD}$.
$\overrightarrow{TD}$ ist die Summe der Vektoren $-\vec{a}$ und $\frac{1}{4}\vec{b}$, denn da T die Strecke BC im Verhältnis 3 : 1 teilt, entfällt ein Viertel der Länge von $\vec{b} = \overrightarrow{BC}$ auf die Strecke TC $\Rightarrow \overrightarrow{TD} = -\vec{a} + \frac{1}{4}\vec{b}$
$\Rightarrow \overrightarrow{SD} = s \cdot \left(-\vec{a} + \frac{1}{4}\vec{b}\right) = -s \cdot \vec{a} + s \cdot \frac{1}{4}\vec{b}$.

$\overrightarrow{DA}$ ist der Gegenvektor zu $\vec{b} = \overrightarrow{AD} \Rightarrow \overrightarrow{DA} = -\vec{b}$.
Die geschlossene Vektorkette ergibt sich nun als Linearkombination der Vektoren $\vec{a}$ und $\vec{b}$:
$\overrightarrow{AS} + \overrightarrow{SD} + \overrightarrow{DA} = r \cdot \vec{a} + r \cdot \vec{b} - s \cdot \vec{a} + s \cdot \frac{1}{4}\vec{b} - \vec{b} = \vec{0}$
$\Leftrightarrow (r - s) \cdot \vec{a} + \left(r + \frac{1}{4}s - 1\right) \cdot \vec{b} = \vec{0}$

WISSEN **Gegenvektor**

$-\vec{v} = -\begin{pmatrix} v_1 \\ v_2 \\ v_3 \end{pmatrix} = \begin{pmatrix} -v_1 \\ -v_2 \\ -v_3 \end{pmatrix}$ ist der Gegenvektor zu $\vec{v} = \begin{pmatrix} v_1 \\ v_2 \\ v_3 \end{pmatrix}$.
Der Gegenvektor $-\vec{v}$ eines Vektors $\vec{v}$ hat dieselbe Länge wie $\vec{v}$, ist aber entgegengesetzt gerichtet.

WISSEN **Lineare Unabhängigkeit II**

Vektoren sind linear unabhängig, wenn keiner der Vektoren sich als Linearkombination der anderen Vektoren darstellen lässt. Das bedeutet für zwei Vektoren, dass die Gleichung:
$r \cdot \vec{u} + t \cdot \vec{v} = \vec{0}$
nur die Lösung (r = 0; t = 0) besitzt, d. h., beide Koeffizienten müssen gleich 0 sein.

AUFGABE 2 *Prüfe, ob die Vektoren linear unabhängig sind:*
$\vec{a} = \begin{pmatrix} 0 \\ -1 \\ 1 \end{pmatrix}$; $\vec{b} = \begin{pmatrix} 2 \\ 0 \\ 3 \end{pmatrix}$; $\vec{c} = \begin{pmatrix} -4 \\ -1 \\ -5 \end{pmatrix}$.

Aufstellen und Lösen des Gleichungssystems aus der Vektorkette (Material a)

Da die Vektoren $\vec{a}$ und $\vec{b}$ linear unabhängig sind, ist die Gleichung
$(r - s) \cdot \vec{a} + \left(r + \frac{1}{4}s - 1\right) \cdot \vec{b} = 0$
nur erfüllt, wenn die beiden Koeffizienten $(r - s)$ und $\left(r + \frac{1}{4}s - 1\right)$ jeweils gleich 0 sind.
Daraus ergeben sich zwei Gleichungen für r und s:
$r - s = 0$
$r + \frac{1}{4}s - 1 = 0$
Dieses LGS hat die Lösung: $\left(r = \frac{4}{5};\ s = \frac{4}{5}\right)$.
Damit ergibt sich: $\overrightarrow{AS} = r \cdot \overrightarrow{AC} = \frac{4}{5} \cdot \overrightarrow{AC}$.
Der Schnittpunkt S teilt die Strecke AC also im Verhältnis 4:1, also $\overrightarrow{AS} = 4 \cdot \overrightarrow{SC}$.

3 Betrag von und Winkel zwischen Vektoren

WISSEN **Betrag eines Vektors**

Der Betrag eines Vektors $\vec{v} = \begin{pmatrix} v_1 \\ v_2 \\ v_3 \end{pmatrix}$ ist gegeben durch:
$|\vec{v}| = \sqrt{v_1^2 + v_2^2 + v_3^2}$.

Die Länge einer Strecke PQ ist gleich dem Betrag des Vektors $\overrightarrow{PQ}$.

WISSEN **Skalarprodukt**

Gegenüber der Multiplikation eines Vektors mit einer reellen Zahl, die wieder einen Vektor hervorbringt, führt das Skalarprodukt zweier Vektoren – wie der Name schon sagt – auf einen Skalar, also eine reelle Zahl.
Das Skalarprodukt zweier Vektoren $\vec{a}$ und $\vec{b}$ ist definiert durch:
$\vec{a} \cdot \vec{b} = |\vec{a}| \cdot |\vec{b}| \cdot \cos\alpha$,
wobei α der Winkel zwischen $\vec{a}$ und $\vec{b}$ ist.
Daraus ergibt sich, dass das Skalarprodukt 0 wird, wenn die Vektoren $\vec{a}$ und $\vec{b}$ senkrecht aufeinander stehen.
In Koordinatenschreibweise sieht das Skalarprodukt wie folgt aus:
$\vec{a} \cdot \vec{b} = \begin{pmatrix} a_1 \\ a_2 \\ a_3 \end{pmatrix} \cdot \begin{pmatrix} b_1 \\ b_2 \\ b_3 \end{pmatrix} = a_1b_1 + a_2b_2 + a_3b_3$.

AUFGABE 3 *Bestimme die fehlende Komponente, sodass beide Vektoren orthogonal zueinander sind:* $\vec{a} = \begin{pmatrix} 4 \\ -1 \\ 5 \end{pmatrix}$; $\vec{b} = \begin{pmatrix} 2 \\ b_2 \\ -3 \end{pmatrix}$.

VEKTORRECHNUNG

WISSEN **Winkel zwischen zwei Vektoren**

Aus der Definition des Skalarproduktes ergibt sich durch Umformen und Einsetzen der Formel für den Betrag eines Vektors eine Formel zur Berechnung des Winkels zwischen den Vektoren $\vec{a}$ und $\vec{b}$:

$$\cos\alpha = \frac{\vec{a}\cdot\vec{b}}{|\vec{a}|\cdot|\vec{b}|} = \frac{a_1b_1 + a_2b_2 + a_3b_3}{\sqrt{a_1^2 + a_2^2 + a_3^2}\cdot\sqrt{b_1^2 + b_2^2 + b_3^2}}$$

WISSEN **Ortsvektoren**

Der Vektor $\overrightarrow{OP} = \begin{pmatrix} p_1 \\ p_2 \\ p_3 \end{pmatrix}$, wobei O der Ursprung des Koordinatensystems ist, heißt Ortsvektor des Punktes $P(p_1|p_2|p_3)$.

Winkel zwischen zwei Vektoren berechnen (Material b)

Gesucht ist der Winkel zwischen den Ortsvektoren der Punkte B und D. Der Ursprung soll im Punkt A liegen. In diesem Fall sind die Ortsvektoren der Punkte B und D ebenfalls Repräsentanten der Vektoren $\vec{a}$ und $\vec{b}$, die die Seiten des Parallelogramms beschreiben. Aus den Koordinaten der Punkte B und D ergibt sich für die Ortsvektoren:

$\overrightarrow{OB} = \begin{pmatrix} 0 \\ 4 \\ 0 \end{pmatrix}$, $\overrightarrow{OD} = \begin{pmatrix} 0 \\ 3 \\ 4 \end{pmatrix}$,

und für den Winkel zwischen ihnen: $\cos\alpha = \frac{0\cdot 0 + 4\cdot 3 + 0\cdot 4}{\sqrt{0^2 + 4^2 + 0^2}\cdot\sqrt{0^2 + 3^2 + 4^2}} = \frac{12}{20} = \frac{3}{5} \Rightarrow \alpha \approx 53{,}1°$.

Länge der Diagonalen berechnen (Material b)

Die Diagonale $\overrightarrow{AC}$ ergibt sich aus der Addition der Vektoren $\vec{a}$ und $\vec{b}$ oder auch der Vektoren $\overrightarrow{OB} = \begin{pmatrix} 0 \\ 4 \\ 0 \end{pmatrix}$ und $\overrightarrow{OD} = \begin{pmatrix} 0 \\ 3 \\ 4 \end{pmatrix}$:

$$\overrightarrow{AC} = \overrightarrow{OB} + \overrightarrow{OD} = \begin{pmatrix} 0 \\ 4 \\ 0 \end{pmatrix} + \begin{pmatrix} 0 \\ 3 \\ 4 \end{pmatrix} = \begin{pmatrix} 0+0 \\ 4+3 \\ 0+4 \end{pmatrix} = \begin{pmatrix} 0 \\ 7 \\ 4 \end{pmatrix}$$

Die Länge der Strecke AC ist gleich dem Betrag des Vektors $\overrightarrow{AC}$:

$\overline{AC} = |\overrightarrow{AC}| = \sqrt{0^2 + 7^2 + 4^2} \approx 8{,}1$.

4 Normalenvektor

WISSEN **Normalenvektor**

Ist ein Vektor $\vec{n}$ senkrecht zu zwei linear unabhängigen Vektoren $\vec{a}$ und $\vec{b}$, nennt man ihn Normalenvektor zu $\vec{a}$ und $\vec{b}$.

Normalenvektor berechnen (Material c)

Stehen zwei Vektoren senkrecht aufeinander, ist das Skalarprodukt zwischen ihnen gleich 0. Diese Bedingung muss erfüllt sein für die Skalarprodukte aus $\vec{n}$ und jedem der Vektoren $\vec{a}$ und $\vec{b}$ bzw. jedem der Vektoren $\overrightarrow{OB}$ und $\overrightarrow{OD}$:

$$\vec{n}\cdot\overrightarrow{OB} = \begin{pmatrix} n_1 \\ n_2 \\ n_3 \end{pmatrix}\cdot\begin{pmatrix} 0 \\ 4 \\ 0 \end{pmatrix} = 0 + n_2\cdot 4 + 0 = 4n_2 = 0$$

$$\vec{n}\cdot\overrightarrow{OD} = \begin{pmatrix} n_1 \\ n_2 \\ n_3 \end{pmatrix}\cdot\begin{pmatrix} 0 \\ 3 \\ 4 \end{pmatrix} = 0 + n_2\cdot 3 + n_3\cdot 4 = 3n_2 + 4n_3 = 0$$

Man erhält im Allgemeinen bei dieser Vorgehensweise zwei Gleichungen für drei unbekannte Koordinaten. Eine der Koordinaten kann daher frei gewählt werden.
In diesem Fall fällt die Koordinate n_1 aus der Gleichung heraus, weil das Parallelogramm in der Ebene liegt, die von der x_2- und der x_3-Achse aufgespannt wird. Der Normalenvektor auf $\overrightarrow{OB}$ und $\overrightarrow{OD}$ steht also senkrecht auf dieser Ebene. Wie zu erwarten ergibt sich für seine Koordinaten n_2 und n_3 daher aus den Gleichungen:
$n_2 = 0$ und $n_3 = 0$.
Die Koordinate entlang der x_1-Achse kann daher (zunächst) frei gewählt werden:
$\vec{n} = \begin{pmatrix} n_1 \\ 0 \\ 0 \end{pmatrix}$.
Eine Einschränkung gibt die Aufgabe jedoch vor: Der zu berechnende Normalenvektor soll Einheitsvektor sein. Hieraus ergibt sich, dass $n_1 = 1$ sein muss
(wegen $|\vec{n}| = \sqrt{n_1^2 + 0^2 + 0^2} = 1 \Leftrightarrow \sqrt{n_1^2} = 1$):
$\vec{n} = \begin{pmatrix} 1 \\ 0 \\ 0 \end{pmatrix}$.

WISSEN **Einheitsvektor**

Einen Vektor mit dem Betrag 1 nennt man Einheitsvektor. Der Einheitsvektor zu $\vec{v}$ ist:
$\vec{v_0} = \frac{1}{|\vec{v}|} \cdot \vec{v}$

AUFGABE 4 *Bestimme alle Normalenvektoren zu* $\vec{a} = \begin{pmatrix} 1 \\ 2 \\ 3 \end{pmatrix}$ *und* $\vec{b} = \begin{pmatrix} 5 \\ 4 \\ 3 \end{pmatrix}$.

5 Exkurs: Matrizen

WISSEN **Rechnen mit Matrizen**

Eine (m,n)-Matrix besteht aus m Zeilenvektoren und n Spaltenvektoren:
(3,2)-Matrix: $\begin{pmatrix} a_{11} & a_{12} \\ a_{21} & a_{22} \\ a_{31} & a_{32} \end{pmatrix}$
Zwei (m,n)-Matrizen werden addiert bzw. subtrahiert, indem man die Elemente mit gleichen Indizes addiert bzw. subtrahiert:
$$\begin{pmatrix} a_{11} & a_{12} \\ a_{21} & a_{22} \\ a_{31} & a_{32} \end{pmatrix} \pm \begin{pmatrix} b_{11} & b_{12} \\ b_{21} & b_{22} \\ b_{31} & b_{32} \end{pmatrix} = \begin{pmatrix} a_{11} \pm b_{11} & a_{12} \pm b_{12} \\ a_{21} \pm b_{21} & a_{22} \pm b_{22} \\ a_{31} \pm b_{31} & a_{32} \pm b_{32} \end{pmatrix}$$
Eine (m,n)-Matrix wird mit einer reellen Zahl multipliziert, indem man jedes Element mit der Zahl multipliziert:
$$r \cdot \begin{pmatrix} a_{11} & a_{12} \\ a_{21} & a_{22} \\ a_{31} & a_{32} \end{pmatrix} = \begin{pmatrix} r \cdot a_{11} & r \cdot a_{12} \\ r \cdot a_{21} & r \cdot a_{22} \\ r \cdot a_{31} & r \cdot a_{32} \end{pmatrix}$$
Man multipliziert eine (m,n)-Matrix mit einem Vektor mit n Koordinaten, indem man jeden Zeilenvektor der Matrix mit dem Vektor skalar multipliziert. Das Ergebnis ist ein Vektor mit m Koordinaten:
$$\begin{pmatrix} a_{11} & a_{12} \\ a_{21} & a_{22} \\ a_{31} & a_{32} \end{pmatrix} \cdot \begin{pmatrix} b_1 \\ b_2 \end{pmatrix} = \begin{pmatrix} a_{11} \cdot b_1 + a_{12} \cdot b_2 \\ a_{21} \cdot b_1 + a_{22} \cdot b_2 \\ a_{31} \cdot b_1 + a_{32} \cdot b_2 \end{pmatrix}$$

WISSEN **Abbildungsmatrizen**

Ist f eine lineare Abbildung vom Vektorraum $\mathbb{R}^n$ in den Vektorraum $\mathbb{R}^m$, dann gibt es eine (m, n)-Matrix A, die Abbildungsmatrix der linearen Abbildung, sodass $f(x) = A \cdot \vec{x}$.
Soll ein Punkt auf einen anderen abgebildet werden, erhält man den Ortsvektor des Bildpunktes, indem man die Abbildungsmatrix mit dem Ortsvektor des Punktes multipliziert:

Für eine Spiegelung an der x-Achse lautet die Abbildungsmatrix: $\begin{pmatrix} 1 & 0 & 0 \\ 0 & -1 & 0 \\ 0 & 0 & -1 \end{pmatrix}$.

Soll der Punkt (3|−2|3) an der x-Achse gespiegelt werden, muss also die Abbildungsmatrix mit dessen Ortsvektor multipliziert werden: $\begin{pmatrix} x_1 \\ x_2 \\ x_3 \end{pmatrix} = \begin{pmatrix} 1 & 0 & 0 \\ 0 & -1 & 0 \\ 0 & 0 & -1 \end{pmatrix} \cdot \begin{pmatrix} 3 \\ -2 \\ 3 \end{pmatrix} = \begin{pmatrix} 3 \\ 2 \\ -3 \end{pmatrix}$.

AUFGABE 5 *Der Punkt P(3|2|3) soll zuerst an der xz-Ebene und dann am Ursprung gespiegelt werden. Wie lauten die Koordinaten des Bildpunktes?*

Abbildungsmatrix: Spiegelung an der xz-Ebene: $\begin{pmatrix} 1 & 0 & 0 \\ 0 & -1 & 0 \\ 0 & 0 & 1 \end{pmatrix}$

Abbildungsmatrix: Spiegelung am Ursprung: $\begin{pmatrix} -1 & 0 & 0 \\ 0 & -1 & 0 \\ 0 & 0 & -1 \end{pmatrix}$

WISSEN **Übergangsmatrizen**

Eine Menge aus Größen, die sich gegenseitig beeinflussen, bildet ein System. Die momentane Situation eines Systems wird mit einem Zustandsvektor beschrieben. Lässt sich die gegenseitige Beeinflussung der Größen eines Systems durch ein lineares Gleichungssystem beschreiben, so können die gegenseitigen Abhängigkeiten in einer Übergangsmatrix zusammengefasst werden. Der Zustand zu einem späteren Zeitpunkt wird dann ermittelt, indem der Zustandsvektor mit der Übergangsmatrix multipliziert wird.

Die Anzahl von Kindern, Männern und Frauen im k-ten Jahr sei durch den Zustandsvektor $\vec{v_k} = \begin{pmatrix} K_k \\ F_k \\ M_k \end{pmatrix}$ gegeben. Die gegenseitige Beeinflusng der Anzahlen sei beschrieben durch das

Gleichungssystem:
$$\begin{aligned} 0{,}94K_k + 0{,}2F_k + 0M_k &= K_{k+1} \\ 0{,}02K_k + 0{,}9F_k + 0M_k &= F_{k+1} \\ 0{,}03K_k + 0F_k + 0{,}87M_k &= M_{k+1} \end{aligned}$$

In der Matrixschreibweise ergibt sich dann für den Zustandsvektor im (k + 1)-ten Jahr:

$$\begin{pmatrix} K_{k+1} \\ F_{k+1} \\ M_{k+1} \end{pmatrix} = \begin{pmatrix} 0{,}94 & 0{,}2 & 0 \\ 0{,}02 & 0{,}9 & 0 \\ 0{,}03 & 0 & 0{,}87 \end{pmatrix} \cdot \begin{pmatrix} K_k \\ F_k \\ M_k \end{pmatrix}.$$

AUFGABE 6 *Im Rechteck ABCD teilt Q die Strecke DC im Verhältnis 1:1. Beweise: S teilt die Strecke AC im Verhältnis $\overline{AS} : \overline{SC} = 2:1$ und die Strecke BQ im Verhältnis $\overline{SQ} : \overline{BS} = 1:2$.*

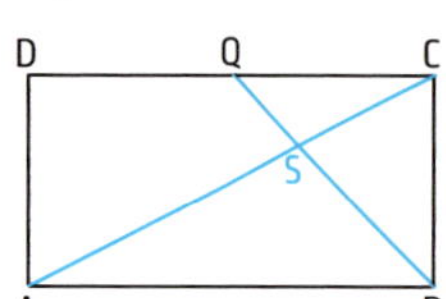

Analytische Geometrie

Lagebeziehungen von Geraden und Ebenen

1 Lagebeziehung und Winkel zwischen Geraden

- Geradengleichung in Parameterform
- Parallelität von Geraden prüfen
- Identische, parallele, sich schneidende und windschiefe Geraden
- Schnittpunkte zweier Geraden bestimmen
- Punkt auf einer Gerade
- Schnittwinkel zweier Geraden bestimmen

2 Abstand eines Punktes zu einer Ebene

- Festlegung einer Ebene
- Ebenengleichung in Parameterform aufstellen
- Ebenengleichung in Normalenform umwandeln
- Hessesche Normalenform der Ebenengleichung ermitteln
- Abstand eines Punktes zur Ebene und hessesche Normalenform

3 Schnittpunkt / Winkel von Gerade und Ebene

- Lagebeziehung zwischen Gerade und Ebene
- Durchstoßpunkt einer Gerade durch eine Ebene
- Schnittwinkel zwischen Gerade und Ebene

4 Abstand zwischen Punkt und Gerade

- Gleichung der Hilfsebene aufstellen
- Ebenengleichung in die Parameterform umwandeln
- Durchstoßpunkt zwischen Gerade und Hilfsebene
- Abstand als Betrag des Lotes von A auf g berechnen

5 Lagebeziehung zwischen zwei Ebenen

- Lagebeziehung der beiden Ebenen berechnen
- Ebene in Koordinatenform
- Schnittwinkel der beiden Ebenen berechnen

MATERIAL

Lagebeziehungen von Geraden und Ebenen

Zwei Flugzeuge F_1 und F_2 haben zu einem bestimmten Zeitpunkt folgende Positionskoordinaten (in einem kartesischen Koordinatensystem, alle Koordinaten in km): $F_1(-9|3|13)$, $F_2(-5|3{,}5|12)$.

Das 1. Flugzeug fliegt im Sinkflug in Richtung $\begin{pmatrix} 4 \\ 2{,}5 \\ -0{,}2 \end{pmatrix}$, das 2. Flugzeug passiert zu einem späteren Zeitpunkt je nach Flugbahn einen der Punkte $P_a(-3|5|12 + a)$.

a) Gibt es Werte von a, für welche die Flugzeuge parallel fliegen?

b) Untersuche, ob die Flugzeuge kollidieren können, wenn das zweite Flugzeug seine Höhe hält, und bestimme gegebenenfalls den Kollisionspunkt und den Winkel, unter dem beide kollidieren.

c) Die Grenze zwischen zwei Ländern, welche die Flugzeuge überfliegen, sei näherungsweise als geradlinig angenommen. Sie geht durch die Punkte $P(-10|-25|0)$ und $Q(90|-75|0)$. Die Grenze des Luftraumes sei entsprechend eine zur Erdoberfläche senkrechte Ebene, die die Landesgrenze enthält. Bei Annäherung an das Nachbarland muss ein Flugzeug sich bei der jeweiligen Bodenstation anmelden, und zwar spätestens dann, wenn der Abstand zur Luftraumgrenze noch 10 km beträgt. Berechne die Koordinaten der beiden Punkte, an denen sich Flugzeug F_1 beiderseits der Grenze jeweils anmelden muss.

d) In welchem Punkt durchstößt die Flugbahn von Flugzeug F_1 die in c) beschriebene Ebene? Unter welchem Winkel schneidet die Flugbahn die Ebene?

e) Welchen Abstand hat der Durchstoßpunkt aus Aufgabe d) von der Bahn des zweiten Flugzeugs F_2 (Wert für a wie in Aufgabe b) bestimmt)?

f) Wie liegt die Ebene, die durch die Flugbahnen der Flugzeuge F_1 und F_2 (Wert für a wie in Aufgabe b) bestimmt) festgelegt ist, zu der Ebene der Landesgrenze aus Aufgabe c)?

1 Lagebeziehung und Winkel zwischen Geraden

WISSEN **Geradengleichung in Parameterform**

Eine Gerade g durch die Punkte A und B mit den Ortsvektoren $\vec{a}$ und $\vec{b}$ ist durch die Parametergleichung

$g: \vec{x} = \vec{a} + t \cdot \overrightarrow{AB}$

eindeutig bestimmt, wobei der Parameter t alle reellen Zahlen durchläuft. Der Vektor $\vec{a}$ heißt Stützvektor, der Vektor $\vec{v} = \overrightarrow{AB}$ heißt Richtungsvektor.

AUFGABE 1 *Gegeben sind die Punkte $P(2|2|1)$ und $Q(3|0|-1)$. Stelle die Parametergleichung der Geraden g durch P und Q auf.*

Aufstellen von Geradengleichungen in Parameterform (Material a)

Die Flugbahnen der beiden Flugzeuge sind durch die Koordinaten der beiden Punkte, die zeitgleich durchflogen werden, gegeben, sowie durch den Richtungsvektor bei F_1 und den zweiten Punkt auf der Bahn bei F_2.

- **Flugzeug F_1: Richtungsvektor ist gegeben**

Der Stützvektor der Geraden von F_1 ergibt sich als Ortsvektor des Punktes $F_1(-9|3|13)$ zu $\vec{a_1} = \begin{pmatrix} -9 \\ 3 \\ 13 \end{pmatrix}$, der Richtungsvektor der Geraden ist der gegebene Richtungsvektor der Flugbahn: $\vec{v_1} = \begin{pmatrix} 4 \\ 2{,}5 \\ -0{,}2 \end{pmatrix}$.

Damit ergibt sich die Geradengleichung für F_1 zu: g_1: $\vec{x_1} = \vec{a_1} + t \cdot \vec{v_1} = \begin{pmatrix} -9 \\ 3 \\ 13 \end{pmatrix} + t \cdot \begin{pmatrix} 4 \\ 2{,}5 \\ -0{,}2 \end{pmatrix}$.

- **Flugzeug F_2: Ein (zweiter) Punkt auf der Geraden ist gegeben**

Der Stützvektor der Geraden von F_2 ergibt sich als Ortsvektor des Punktes $F_2(-5|3{,}5|12)$ zu $\vec{a_2} = \begin{pmatrix} -5 \\ 3{,}5 \\ 12 \end{pmatrix}$. Der Richtungsvektor ergibt sich als Differenzvektor zwischen den Punkten $F_2(-5|3{,}5|12)$ und $P_a(-3|5|12 + a)$:

$$\vec{v_2} = \overrightarrow{OP_a} - \overrightarrow{OF_2} = \begin{pmatrix} -3 \\ 5 \\ 12 + a \end{pmatrix} - \begin{pmatrix} -5 \\ 3{,}5 \\ 12 \end{pmatrix} = \begin{pmatrix} 2 \\ 1{,}5 \\ a \end{pmatrix}.$$

Damit ergibt sich die Geradengleichung für F_2 zu: g_2: $\vec{x_2} = \vec{a_2} + s \cdot \vec{v_2} = \begin{pmatrix} -5 \\ 3{,}5 \\ 12 \end{pmatrix} + s \cdot \begin{pmatrix} 2 \\ 1{,}5 \\ a \end{pmatrix}$.

WISSEN **Lagebeziehungen zwischen zwei Geraden**

Zwei Geraden g und h können:

- **identisch** sein,
- **parallel** zueinander liegen,
- einen gemeinsamen **Schnittpunkt** haben,
- **windschief** sein (nur in $\mathbb{R}^3$).

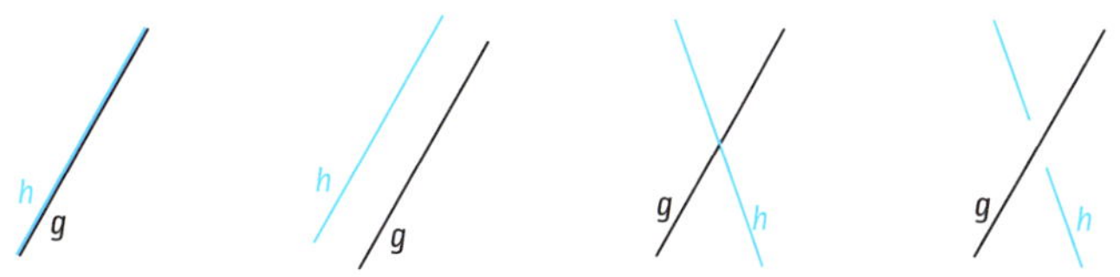

sind identisch — sind parallel — schneiden sich — sind windschief

Parallelität von Geraden prüfen (Material a)

In Aufgabe a) soll geprüft werden, ob zwei Geraden parallel liegen. Zwei Geraden sind parallel, wenn ihre Richtungsvektoren linear abhängig sind, wenn also der Richtungsvektor der einen ein Vielfaches des Richtungsvektors der anderen ist. Um zu sehen, ob die beiden Richtungsvektoren der Geraden g_1 und g_2 linear abhängig sind, setzt man daher an:

$$\vec{v_1} = r \cdot \vec{v_2} \Leftrightarrow \begin{pmatrix} 4 \\ 2{,}5 \\ -0{,}2 \end{pmatrix} = r \cdot \begin{pmatrix} 2 \\ 1{,}5 \\ a \end{pmatrix}$$

Man erhält das Gleichungssystem:

(I) $4 = 2r$

(II) $2{,}5 = 1{,}5r$

(III) $-0{,}2 = ar$

Die Gleichungen (I) und (II) haben keine gemeinsame Lösung, damit sind die Richtungsvektoren der Flugbahnen linear unabhängig und die Flugbahnen bzw. deren Geraden sind nicht parallel.

LAGEBEZIEHUNGEN VON GERADEN UND EBENEN

WISSEN **Identische, parallele, sich schneidende und windschiefe Geraden**

Um die Lagebeziehung zweier Geraden zu untersuchen, werden die rechten Seiten der beiden Geradengleichungen gleich gesetzt – mit verschiedenen (!) Parametern. Daraus erhält man ein Gleichungssystem. Aus der Anzahl der Lösungen lässt sich die Lage der Geraden zueinander ableiten:

- **keine Lösung:** Die Geraden sind echt parallel (wenn die Richtungsvektoren linear abhängig sind) oder windschief (wenn die Richtungsvektoren linear unabhängig sind) (nur im $\mathbb{R}^3$).
- **genau eine Lösung:** Die Lösung liefert den Schnittpunkt.
- **unendlich viele Lösungen:** Die Geraden sind identisch.
  Um zu prüfen, ob zwei Geraden identisch sind, kann man auch prüfen, ob ihre Richtungsvektoren linear abhängig sind und ein Punkt der einen Geraden auf der anderen Geraden liegt.

Schnittpunkte zweier Geraden bestimmen (Material b)

In Aufgabe b) soll der Schnittpunkt zweier Geraden bestimmt werden – denn ein Kollisionspunkt der beiden Flugzeuge ist ein Schnittpunkt der beiden Geraden, die die Flugbahnen beschreiben. Um zu prüfen, ob die Geraden einen Schnittpunkt haben, also einen gemeinsamen Punkt, setzt man die Geradengleichungen gleich:

$$\begin{pmatrix}-9\\3\\13\end{pmatrix}+t\cdot\begin{pmatrix}4\\2{,}5\\-0{,}2\end{pmatrix}=\begin{pmatrix}-5\\3{,}5\\12\end{pmatrix}+s\cdot\begin{pmatrix}2\\1{,}5\\a\end{pmatrix}.$$

Die Unbekannte a lässt sich bestimmen aus der Bedingung, dass das Flugzeug F_2 seine Höhe hält. Die Höhe entspricht der x_3-Koordinate; soll diese sich nicht ändern, muss der Richtungsvektor als x_3-Koordinate 0 haben, d. h. a = 0:

$$\begin{pmatrix}-9\\3\\13\end{pmatrix}+t\cdot\begin{pmatrix}4\\2{,}5\\-0{,}2\end{pmatrix}=\begin{pmatrix}-5\\3{,}5\\12\end{pmatrix}+s\cdot\begin{pmatrix}2\\1{,}5\\0\end{pmatrix}.$$

Man erhält das Gleichungssystem:

(I) $-9+4t=-5+2s$
(II) $3+2{,}5t=3{,}5+1{,}5s$
(III) $13-0{,}2t=12$

(I) $4t-2s=4 \Rightarrow 2t-s=2$
(II) $2{,}5t-1{,}5s=0{,}5 \Rightarrow 5t-3s=1$
(III) $0{,}2t=1 \Rightarrow t=5$
$\Rightarrow s=8$

Mit den Parametern s = 8 und t = 5 ergibt sich als Ortsvektor des Schnittpunktes K der Flugbahnen:

$$\overrightarrow{OK}=\begin{pmatrix}-9\\3\\13\end{pmatrix}+5\cdot\begin{pmatrix}4\\2{,}5\\-0{,}2\end{pmatrix}=\begin{pmatrix}11\\15{,}5\\12\end{pmatrix} \text{ bzw. } \overrightarrow{OK}=\begin{pmatrix}-5\\3{,}5\\12\end{pmatrix}+8\cdot\begin{pmatrix}2\\1{,}5\\0\end{pmatrix}=\begin{pmatrix}11\\15{,}5\\12\end{pmatrix}$$

Es gibt also einen Kollisionspunkt mit den Koordinaten K(11|15,5|12).

AUFGABE 2 *Prüfe die gegenseitige Lage der Geraden g und h.*

a) $g\colon \vec{x}=\begin{pmatrix}-2\\-1\\7\end{pmatrix}+s\cdot\begin{pmatrix}6\\-4\\5\end{pmatrix}$ $\quad h\colon \vec{x}=\begin{pmatrix}14\\-7\\6\end{pmatrix}+t\cdot\begin{pmatrix}4\\0\\2\end{pmatrix}$

b) $g\colon \vec{x}=\begin{pmatrix}3\\4\\-7\end{pmatrix}+s\cdot\begin{pmatrix}1\\2\\-1\end{pmatrix}$ $\quad h\colon \vec{x}=\begin{pmatrix}6\\10\\-10\end{pmatrix}+t\cdot\begin{pmatrix}-1\\-2\\1\end{pmatrix}$

WISSEN **Punkt auf einer Gerade**

Ein Punkt $P(p_1|p_2|p_3)$ mit dem Ortsvektor $\vec{p}$ liegt genau dann auf einer Geraden $\vec{x} = \vec{a} + t \cdot \vec{v}$, wenn es eine reelle Zahl t_0 gibt, sodass gilt:
$\vec{p} = \vec{a} + t_0 \cdot \vec{v}$.

AUFGABE 3 *Prüfe, ob die gegebenen Geraden g und h identisch sind, indem du prüfst, ob die Richtungsvektoren parallel sind und ob ein Punkt von g auf h liegt.*

$$g\colon \vec{x} = \begin{pmatrix} 0{,}5 \\ 0{,}4 \\ 1 \end{pmatrix} + s \cdot \begin{pmatrix} 0 \\ -1 \\ 3 \end{pmatrix} \quad h\colon \vec{x} = \begin{pmatrix} 0{,}5 \\ -0{,}6 \\ 4 \end{pmatrix} + t \cdot \begin{pmatrix} 0 \\ 2 \\ -6 \end{pmatrix}$$

Tipp: Benutze den Stützvektor von g, um einen Punkt auf g zu wählen.

WISSEN **Schnittwinkel zweier Geraden**

Der Schnittwinkel zweier Geraden ergibt sich als Schnittwinkel der Richtungsvektoren der Geraden, analog zur Bestimmung des Schnittwinkels zweier Vektoren (siehe S. 38). Dabei ist der Schnittwinkel immer der kleinere der beiden Scheitelwinkel, die entstehen, wenn zwei Geraden sich schneiden. Schneiden zwei Geraden g: $\vec{x} = \vec{a} + t \cdot \vec{v}$ und h: $\vec{x} = \vec{b} + s \cdot \vec{u}$, gilt für ihren Schnittwinkel:

$$\cos \alpha = \frac{|\vec{v} \cdot \vec{u}|}{|\vec{v}| \cdot |\vec{u}|}$$

Schnittwinkel zweier Geraden bestimmen (Material b)

Für die beiden Flugzeuge mit den Richtungsvektoren $\begin{pmatrix} 4 \\ 2{,}5 \\ -0{,}2 \end{pmatrix}$ und $\begin{pmatrix} 2 \\ 1{,}5 \\ 0 \end{pmatrix}$ ergibt sich also:

$$\cos \alpha = \frac{|\vec{v} \cdot \vec{u}|}{|\vec{v}| \cdot |\vec{u}|} = \frac{4 \cdot 2 + 2{,}5 \cdot 1{,}5 + 0}{\sqrt{4^2 + 2{,}5^2 + (-0{,}2)^2} \cdot \sqrt{2^2 + 1{,}5^2}} \approx 0{,}9955 \Rightarrow \alpha \approx 5{,}4^\circ.$$

Die Flugzeuge kollidieren unter einem Winkel von etwa 5,4°.

2 Abstand eines Punktes zu einer Ebene

WISSEN **Festlegung einer Ebene**

Eine Ebene wird festgelegt durch:

- einen Punkt und zwei linear unabhängige Vektoren;
- drei Punkte, die nicht auf einer Geraden liegen;
- eine Gerade und einen Punkt, der nicht auf dieser Geraden liegt;
- einen Punkt und einen Normalenvektor;
- zwei echt parallele (d. h. nicht identische) Geraden, oder
- zwei sich schneidende Geraden.

Größen finden, die die Ebene festlegen (Material c)

Gegeben sind zwei Punkte $P(-10|-25|0)$ und $Q(90|-75|0)$. Die x_3-Koordinate ist jeweils 0 – weil die Landesgrenze auf der Erdoberfläche (Höhe 0) verläuft. Zur Festlegung einer Ebene benötigt man weitere Angaben, bspw. einen dritten Punkt, der nicht auf der Gerade durch P und Q liegt. Dieser lässt sich ermitteln aus der Bedingung, dass die Ebene parallel zur x_3x_2-Ebene liegt und die Gerade durch P und Q enthält. Ein möglicher dritter Punkt wäre also: $R(-10|-25|10)$. R liegt 10 Einheiten senkrecht über P innerhalb der gesuchten Ebene.

WISSEN **Ebenengleichung**

- **Parameterform:**
  Jede Ebene lässt sich durch eine Gleichung $\vec{x} = \vec{a} + r \cdot \vec{b} + s \cdot \vec{c}$ beschreiben, wobei $\vec{a}$ ein Stützvektor ist und $\vec{b}$ und $\vec{c}$ zwei linear unabhängige Spannvektoren sind.
- **Normalenform:**
  Eine Ebene mit dem Stützvektor $\vec{a}$ und dem Normalenvektor $\vec{n}$ wird beschrieben durch die Gleichung: $(\vec{x} - \vec{a}) \cdot \vec{n} = 0$.
- **Hessesche Normalenform:**
  Die hessesche Normalenform der Ebenengleichung ergibt sich aus der Normalenform, wenn man den Normalenvektor der Ebene durch seinen Betrag dividiert:
  Gegeben ist die Ebene E: $(\vec{x} - \vec{a}) \cdot \vec{n} = 0$. Dann ist die Ebenengleichung in der Form:
  $(\vec{x} - \vec{a}) \cdot \frac{1}{|\vec{n}|}\vec{n} = 0$
  die hessesche Normalenform der Ebene.

AUFGABE 4 *Stelle die Ebenengleichung in Parameterform auf. Gegeben sind der Punkt Q(4|2|−3) und die Gerade g:* $\vec{x} = \begin{pmatrix} 3 \\ 5 \\ 6 \end{pmatrix} + s \cdot \begin{pmatrix} -1 \\ 0 \\ 2 \end{pmatrix}$.

Ebenengleichung in Parameterform aufstellen (Material c)

Aus den drei Größen, die die Ebene festlegen (siehe oben) wird nun die Ebenengleichung aufgestellt, zunächst in Parameterform. Der Stützvektor $\vec{a}$ ergibt sich als Ortsvektor eines der Punkte P, Q oder R. Es sei $\vec{a}$ der Ortsvektor zu P: $\vec{a} = \begin{pmatrix} -10 \\ -25 \\ 0 \end{pmatrix}$.

Die Spannvektoren $\vec{b}$ und $\vec{c}$ ergeben sich dann als Differenzvektoren zwischen den Ortsvektoren von P und Q einerseits und denen von P und R andererseits:

$$\vec{b} = \overrightarrow{OQ} - \overrightarrow{OP} = \begin{pmatrix} 90 \\ -75 \\ 0 \end{pmatrix} - \begin{pmatrix} -10 \\ -25 \\ 0 \end{pmatrix} = \begin{pmatrix} 100 \\ -50 \\ 0 \end{pmatrix};\ \vec{c} = \overrightarrow{OR} - \overrightarrow{OP} = \begin{pmatrix} -10 \\ -25 \\ 10 \end{pmatrix} - \begin{pmatrix} -10 \\ -25 \\ 0 \end{pmatrix} = \begin{pmatrix} 0 \\ 0 \\ 10 \end{pmatrix}.$$

Damit lautet die Ebenengleichung: $\vec{x} = \vec{a} + r \cdot \vec{b} + s \cdot \vec{c} = \begin{pmatrix} -10 \\ -25 \\ 0 \end{pmatrix} + r \cdot \begin{pmatrix} 100 \\ -50 \\ 0 \end{pmatrix} + s \cdot \begin{pmatrix} 0 \\ 0 \\ 10 \end{pmatrix}$.

Ebenengleichung in Normalenform umwandeln (Material c)

Der Abstand eines Punktes zu einer Ebene ist mit der hesseschen Normalenform leicht zu berechnen. Zunächst wird daher die Ebenengleichung in die Normalenform umgewandelt. Ein Normalenvektor zu zwei Vektoren steht senkrecht auf beiden. Um also die Parameterform der Ebenengleichung in die Normalenform umzuwandeln, sucht man den Normalenvektor $\vec{n}$ zu den beiden Spannvektoren $\vec{b}$ und $\vec{c}$:

$$\vec{n} \cdot \vec{b} = \begin{pmatrix} n_1 \\ n_2 \\ n_3 \end{pmatrix} \cdot \begin{pmatrix} 100 \\ -50 \\ 0 \end{pmatrix} = n_1 \cdot 100 + n_2 \cdot (-50) + n_3 \cdot 0 = 100n_1 - 50n_2 = 0 \Rightarrow n_2 = 2n_1$$

$$\vec{n} \cdot \vec{c} = \begin{pmatrix} n_1 \\ n_2 \\ n_3 \end{pmatrix} \cdot \begin{pmatrix} 0 \\ 0 \\ 10 \end{pmatrix} = n_1 \cdot 0 + n_2 \cdot 0 + n_3 \cdot 10 = 10n_3 = 0 \Rightarrow n_3 = 0$$

Eine der beiden anderen Koordinaten ist frei wählbar, bspw. $n_1 = 1$, daraus folgt: $n_2 = 2$.

Ein Normalenvektor ist somit: $\vec{n} = \begin{pmatrix} 1 \\ 2 \\ 0 \end{pmatrix}$

und die Ebenengleichung in Normalenform lautet: $\left[\begin{pmatrix} x_1 \\ x_2 \\ x_3 \end{pmatrix} - \begin{pmatrix} -10 \\ -25 \\ 0 \end{pmatrix}\right] \cdot \begin{pmatrix} 1 \\ 2 \\ 0 \end{pmatrix} = 0.$

Hessesche Normalenform der Ebenengleichung ermitteln (Material c)

Für eine Ebene in Normalenform E: $(\vec{x} - \vec{a}) \cdot \vec{n} = 0$ ergibt sich die hessesche Normalenform zu: $(\vec{x} - \vec{a}) \cdot \frac{1}{|\vec{n}|}\vec{n} = 0$.

Aus der Normalenform: $\left[\begin{pmatrix} x_1 \\ x_2 \\ x_3 \end{pmatrix} - \begin{pmatrix} -10 \\ -25 \\ 0 \end{pmatrix}\right] \cdot \begin{pmatrix} 1 \\ 2 \\ 0 \end{pmatrix} = 0$

folgt die hessesche Normalenform: $\left[\begin{pmatrix} x_1 \\ x_2 \\ x_3 \end{pmatrix} - \begin{pmatrix} -10 \\ -25 \\ 0 \end{pmatrix}\right] \cdot \frac{1}{\sqrt{5}} \cdot \begin{pmatrix} 1 \\ 2 \\ 0 \end{pmatrix} = 0;$

mit dem Betrag des Normalenvektors $\vec{n} = \begin{pmatrix} 1 \\ 2 \\ 0 \end{pmatrix}$ von: $|\vec{n}| = \sqrt{1^2 + 2^2 + 0^2} = \sqrt{5}$.

WISSEN **Abstand eines Punktes zur Ebene und hessesche Normalenform**

Der Abstand d eines Punktes M zu einer Ebene E ist die Länge des Lotes von M auf die Ebene, also die Länge der Strecke von M bis zum Fußpunkt des Lotes.
Benutzt man zur Bestimmung des Abstandes eines Punktes M von einer Ebene die hessesche Normalenform der Ebenengleichung, braucht man den Fußpunkt des Lotes jedoch nicht zu kennen.
Man erhält den Abstand zwischen Punkt M und Ebene E, wenn man in die hessesche Normalenform der Ebenengleichung die Koordinaten des Punktes einsetzt:
Der Abstand eines Punktes $M(m_1|m_2|m_3)$ von einer Ebene E: $(\vec{x} - \vec{a}) \cdot \frac{1}{|\vec{n}|}\vec{n} = 0$ beträgt:
$d(M, E) = (\vec{m} - \vec{a}) \cdot \frac{1}{|\vec{n}|}\vec{n}$.

Abstand des Punktes zur Ebene ermitteln (Material c)

In der Aufgabe ist nun nicht nach dem Abstand gefragt, sondern nach dem Punkt, der einen vorgegebenen Abstand von 10 (km) von der Ebene haben soll (bzw. nach zwei solcher Punkte auf jeder Ebenenseite):

$$d(M, E) = (\vec{m} - \vec{a}) \cdot \frac{1}{|\vec{n}|}\vec{n} = \left[\begin{pmatrix} m_1 \\ m_2 \\ m_3 \end{pmatrix} - \begin{pmatrix} -10 \\ -25 \\ 0 \end{pmatrix}\right] \cdot \frac{1}{\sqrt{5}} \cdot \begin{pmatrix} 1 \\ 2 \\ 0 \end{pmatrix} = \pm 10.$$

Diese Gleichung führt auf eine Gleichung mit drei Unbekannten, führt also noch nicht zur gesuchten Lösung. Der Punkt M muss in einer anderen Form dargestellt werden, um die Anzahl Unbekannter zu reduzieren. Da M auf der Flugbahn von Flugzeug F_1 liegt, gilt für den Ortsvektor von M:

$$\overrightarrow{OM} = \begin{pmatrix} m_1 \\ m_2 \\ m_3 \end{pmatrix} = \vec{a}_1 + t \cdot \vec{v}_1 = \begin{pmatrix} -9 \\ 3 \\ 13 \end{pmatrix} + t \cdot \begin{pmatrix} 4 \\ 2{,}5 \\ -0{,}2 \end{pmatrix}$$

Damit ergibt sich:

$$d(M, E) = \left[\left\{\begin{pmatrix} -9 \\ 3 \\ 13 \end{pmatrix} + t \cdot \begin{pmatrix} 4 \\ 2{,}5 \\ -0{,}2 \end{pmatrix}\right\} - \begin{pmatrix} -10 \\ -25 \\ 0 \end{pmatrix}\right] \cdot \frac{1}{\sqrt{5}} \cdot \begin{pmatrix} 1 \\ 2 \\ 0 \end{pmatrix} = \pm 10.$$

Die Gleichung enthält jetzt nur noch eine Unbekannte t:

$$\Leftrightarrow d(M, E) = \left[\begin{pmatrix} 1 \\ 28 \\ 13 \end{pmatrix} + t \cdot \begin{pmatrix} 4 \\ 2{,}5 \\ -0{,}2 \end{pmatrix}\right] \cdot \frac{1}{\sqrt{5}} \cdot \begin{pmatrix} 1 \\ 2 \\ 0 \end{pmatrix} = \frac{1}{\sqrt{5}} \cdot \left[\begin{pmatrix} 1 \\ 28 \\ 13 \end{pmatrix} \cdot \begin{pmatrix} 1 \\ 2 \\ 0 \end{pmatrix} + \begin{pmatrix} 4t \\ 2{,}5t \\ (-0{,}2)t \end{pmatrix} \cdot \begin{pmatrix} 1 \\ 2 \\ 0 \end{pmatrix}\right] = \pm 10$$

$$\Leftrightarrow d(M, E) = \frac{1}{\sqrt{5}} \cdot [(1 + 56 + 0) + (4t + 5t + 0)] = \frac{1}{\sqrt{5}} \cdot [57 + 9t] = \pm 10$$

$$t = \frac{\pm 10 \cdot \sqrt{5} - 57}{9}$$

$\Rightarrow t_1 \approx -3{,}85$ für d = +10 (km); $t_2 = -8{,}82$ für d = −10 (km).

LAGEBEZIEHUNGEN VON GERADEN UND EBENEN

Die beiden Punkte, an denen das Flugzeug jeweils 10 km von der Grenze entfernt ist, ergeben sich nach Einsetzen der Werte für t_1 und t_2 aus der Gleichung:

$$\begin{pmatrix} m_1 \\ m_2 \\ m_3 \end{pmatrix} = \vec{a_1} + t \cdot \vec{v_1} = \begin{pmatrix} -9 \\ 3 \\ 13 \end{pmatrix} + t \cdot \begin{pmatrix} 4 \\ 2{,}5 \\ -0{,}2 \end{pmatrix}$$

zu: $M_1(-44{,}28|-19{,}05|14{,}76)$ und $M_2(-24{,}4|-6{,}63|13{,}77)$.

3 Schnittpunkt / Winkel von Gerade und Ebene

WISSEN **Lagebeziehung zwischen Gerade und Ebene**

Gegeben sei die Gerade g: $\vec{x} = \vec{a} + t \cdot \vec{u}$ und die Ebene $\vec{x} = \vec{b} + r \cdot \vec{v} + s \cdot \vec{w}$.
Wenn die Gleichung: $\vec{a} + t \cdot \vec{u} = \vec{b} + r \cdot \vec{v} + s \cdot \vec{w}$

- **unendlich viele Lösungen** (t; r; s) hat, liegt g in der Ebene;
- **genau eine Lösung** (t; r; s) hat, durchstößt g die Ebene;
- **keine Lösung** hat, ist g parallel zur Ebene.

AUFGABE 5 *Untersuche die Lage folgender Geraden und Ebenen.*

a) $g: \vec{x} = \begin{pmatrix} 1 \\ 3 \\ 0 \end{pmatrix} + t \cdot \begin{pmatrix} 2 \\ -7 \\ 7 \end{pmatrix} \quad E: \vec{x} = \begin{pmatrix} 5 \\ -2 \\ 1 \end{pmatrix} + r \cdot \begin{pmatrix} 6 \\ -1 \\ 3 \end{pmatrix} + s \cdot \begin{pmatrix} 2 \\ 3 \\ -2 \end{pmatrix}$

b) $g: \vec{x} = \begin{pmatrix} 0 \\ -14 \\ 2 \end{pmatrix} + t \cdot \begin{pmatrix} -1 \\ 1 \\ 8 \end{pmatrix} \quad E: \vec{x} = \begin{pmatrix} 4 \\ 3 \\ 5 \end{pmatrix} + r \cdot \begin{pmatrix} -1 \\ -2 \\ 3 \end{pmatrix} + s \cdot \begin{pmatrix} 1 \\ 5 \\ 2 \end{pmatrix}$

Durchstoßpunkt einer Gerade durch eine Ebene (Material d)

Dass die Flugbahn die Ebene durchstößt, ist bereits bekannt. Gesucht ist der Durchstoßpunkt. Dazu müssen die Geradengleichung der Flugbahn und die Ebenengleichung der Grenzebene gleichgesetzt und passende Parameter bestimmt werden:

Flugbahn: $g: \vec{x} = \vec{a} + t \cdot \vec{v} = \begin{pmatrix} -9 \\ 3 \\ 13 \end{pmatrix} + t \cdot \begin{pmatrix} 4 \\ 2{,}5 \\ -0{,}2 \end{pmatrix}$

Grenzebene: $E: \vec{x} = \vec{a} + r \cdot \vec{b} + s \cdot \vec{c} = \begin{pmatrix} -10 \\ -25 \\ 0 \end{pmatrix} + r \cdot \begin{pmatrix} 100 \\ -50 \\ 0 \end{pmatrix} + s \cdot \begin{pmatrix} 0 \\ 0 \\ 10 \end{pmatrix}$

$$\Rightarrow \begin{pmatrix} -9 \\ 3 \\ 13 \end{pmatrix} + t \cdot \begin{pmatrix} 4 \\ 2{,}5 \\ -0{,}2 \end{pmatrix} = \begin{pmatrix} -10 \\ -25 \\ 0 \end{pmatrix} + r \cdot \begin{pmatrix} 100 \\ -50 \\ 0 \end{pmatrix} + s \cdot \begin{pmatrix} 0 \\ 0 \\ 10 \end{pmatrix}$$

Es ergibt sich das Gleichungssystem:

$-9 + 4t = -10 + 100r$

$3 + 2{,}5t = -25 - 50r$

$13 - 0{,}2t = 10s$

mit der Lösung: $(t; r; s) = \left(-\frac{19}{3}; -\frac{73}{300}; \frac{214}{150}\right)$.

Damit ergibt sich der Ortsvektor des Durchstoßpunktes zu:

$$\begin{pmatrix} -9 \\ 3 \\ 13 \end{pmatrix} - \frac{19}{3} \cdot \begin{pmatrix} 4 \\ 2{,}5 \\ -0{,}2 \end{pmatrix} \approx \begin{pmatrix} -34{,}3 \\ -12{,}8 \\ 14{,}3 \end{pmatrix} \text{ bzw. } \begin{pmatrix} -10 \\ -25 \\ 0 \end{pmatrix} - \frac{73}{300} \cdot \begin{pmatrix} 100 \\ -50 \\ 0 \end{pmatrix} + \frac{214}{150} \cdot \begin{pmatrix} 0 \\ 0 \\ 10 \end{pmatrix} \approx \begin{pmatrix} -34{,}3 \\ -12{,}8 \\ 14{,}3 \end{pmatrix}.$$

Die Flugbahn von F_1 durchstößt die Ebene der Landesgrenze bei $M(-34{,}3|-12{,}8|14{,}3)$.

WISSEN **Schnittwinkel zwischen Gerade und Ebene**

Den Schnittwinkel zwischen einer Geraden g: $\vec{x} = \vec{a} + t \cdot \vec{v}$ und einer Ebene E: $(\vec{x} - \vec{b}) \cdot \vec{n} = 0$ bestimmt man als Winkel zwischen dem Richtungsvektor $\vec{v}$ der Geraden und dem Normalenvektor $\vec{n}$ der Ebene:

$$\cos\alpha = \frac{|\vec{v} \cdot \vec{n}|}{|\vec{v}| \cdot |\vec{n}|}.$$

Schnittwinkel zwischen Gerade und Ebene bestimmen (Material d)

Der Richtungsvektor der Geraden der Flugbahn F_1 ist: $\vec{a} = \begin{pmatrix} 4 \\ 2{,}5 \\ -0{,}2 \end{pmatrix}$; der Normalenvektor der Ebene wurde in Aufgabe c) bestimmt zu: $\vec{n} = \begin{pmatrix} 1 \\ 2 \\ 0 \end{pmatrix}$. Damit ergibt sich für den Winkel:

$$\cos\alpha = \frac{|\vec{v} \cdot \vec{n}|}{|\vec{v}| \cdot |\vec{n}|} = \frac{|4 \cdot 1 + 2{,}5 \cdot 2 + (-0{,}2) \cdot 0|}{\sqrt{4^2 + 2{,}5^2 + (-0{,}2)^2} \cdot \sqrt{1^2 + 2^2 + 0}} \approx 0{,}85.$$

$\Rightarrow a \approx 31{,}51°$.

Der Schnittwinkel zwischen der Flugbahn und der Grenzebene beträgt etwa 31,51°.

4 Abstand zwischen Punkt und Gerade

WISSEN **Abstand eines Punktes zu einer Geraden**

Der Abstand eines Punktes P von einer Geraden g ist gleich dem Betrag des Vektors $\overrightarrow{PF}$, wobei F der Fußpunkt des Lotes von P auf g ist.
Die Berechnung des Abstandes erfolgt in drei Schritten:

1. Aufstellen der Gleichung einer Hilfsebene E, die durch P geht und zu g orthogonal ist.
2. Berechnung des Schnittpunktes F von E und g.
3. Berechnung des Betrages von $\overrightarrow{PF}$.

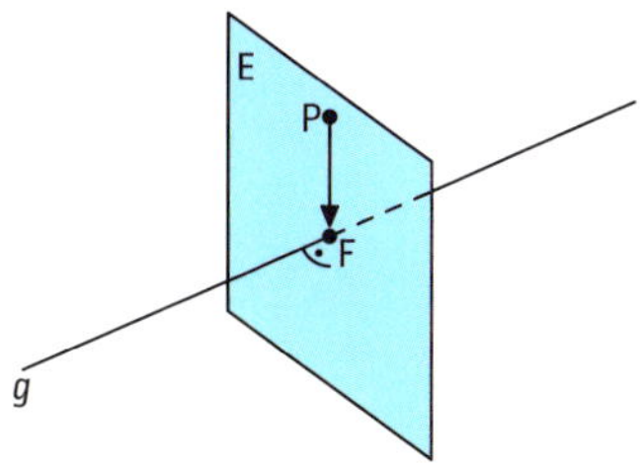

Gleichung der Hilfsebene aufstellen (Material e)

A sei der Durchstoßpunkt der Flugbahn F_1 durch die Grenzebene. Gefragt ist der Abstand zwischen dem Durchstoßpunkt A und der Flugbahn F_2. Diese ist gegeben durch die Geradengleichung aus Aufgabe b) (für a = 0):

$$g_2: \vec{x} = \vec{a} + s \cdot \vec{v} = \begin{pmatrix} -5 \\ 3{,}5 \\ 12 \end{pmatrix} + s \cdot \begin{pmatrix} 2 \\ 1{,}5 \\ 0 \end{pmatrix}.$$

Die nun aufzustellende Hilfsebene E_H steht senkrecht auf g, d. h., der Richtungsvektor von g_2 ist der Normalenvektor der Hilfsebene E_H: $\vec{n} = \begin{pmatrix} 2 \\ 1{,}5 \\ 0 \end{pmatrix}$; der Stützvektor der Ebene ergibt sich als Ortsvektor des Durchstoßpunktes A: $\vec{a} = \begin{pmatrix} -34{,}3 \\ -12{,}8 \\ 14{,}3 \end{pmatrix}$.

LAGEBEZIEHUNGEN VON GERADEN UND EBENEN

Die Ebenengleichung der Hilfsebene ergibt sich in Normalenform damit zu:

$$E_H: (\vec{x} - \vec{a}) \cdot \vec{n} = 0 \Leftrightarrow E_H: \left(\vec{x} - \begin{pmatrix} -34{,}3 \\ -12{,}8 \\ 14{,}3 \end{pmatrix}\right) \cdot \begin{pmatrix} 2 \\ 1{,}5 \\ 0 \end{pmatrix} = 0$$

Ebenengleichung in die Parameterform umwandeln (Material e)

$$(\vec{x} - \vec{a}) \cdot \vec{n} = \left[\begin{pmatrix} x_1 \\ x_2 \\ x_3 \end{pmatrix} - \begin{pmatrix} -34{,}3 \\ -12{,}8 \\ 14{,}3 \end{pmatrix}\right] \cdot \begin{pmatrix} 2 \\ 1{,}5 \\ 0 \end{pmatrix} = 2 \cdot (x_1 + 34{,}4) + 1{,}5 \cdot (x_2 + 12{,}8) + 0 \cdot (x_3 - 14{,}3)$$

$$= 2x_1 + 1{,}5x_2 + 88 = 0$$

Zuerst wählt man zwei der Koordinaten frei, bspw.: $x_2 = 2\lambda$, $x_3 = 2\mu$. Dann setzt man diese in die Ebenengleichung ein:

$2x_1 + 1{,}5 \cdot 2\lambda + 0 \cdot 2\mu + 88 = 0$

$\Rightarrow x_1 + 1{,}5\lambda + 0 \cdot \mu + 44 = 0$

$\Rightarrow x_1 = -44 - 1{,}5\lambda$

Ebenengleichung in Parameterform:

$$E: \begin{pmatrix} x_1 \\ x_2 \\ x_3 \end{pmatrix} = \begin{pmatrix} -44 - 1{,}5\lambda \\ 2\lambda \\ 2\mu \end{pmatrix} = \begin{pmatrix} -44 \\ 0 \\ 0 \end{pmatrix} + \lambda \cdot \begin{pmatrix} -1{,}5 \\ 2 \\ 0 \end{pmatrix} + \mu \cdot \begin{pmatrix} 0 \\ 0 \\ 2 \end{pmatrix}$$

Durchstoßpunkt zwischen Gerade und Hilfsebene (Material e)

Um den Durchstoßpunkt B der Flugbahngeraden g_2 durch die Hilfsebene E_H zu berechnen, setzt man die Gleichungen von E_H und g_2 gleich:

$$\begin{pmatrix} -5 \\ 3{,}5 \\ 12 \end{pmatrix} + s \cdot \begin{pmatrix} 2 \\ 1{,}5 \\ 0 \end{pmatrix} = \begin{pmatrix} -44 \\ 0 \\ 0 \end{pmatrix} + \lambda \cdot \begin{pmatrix} -1{,}5 \\ 2 \\ 0 \end{pmatrix} + \mu \cdot \begin{pmatrix} 0 \\ 0 \\ 2 \end{pmatrix}$$

Man erhält das LGS:

$-5 + 2s = -44 - 1{,}5\lambda$

$3{,}5 + 1{,}5s = 2\lambda$

$12 = 2\mu$

$\Rightarrow \mu = 6;\ \lambda = -8{,}24;\ s = -13{,}32$

Für den Durchstoßpunkt B ergibt sich damit:

$$\begin{pmatrix} -5 \\ 3{,}5 \\ 12 \end{pmatrix} + s \cdot \begin{pmatrix} 2 \\ 1{,}5 \\ 0 \end{pmatrix} = \begin{pmatrix} -31{,}6 \\ -16{,}5 \\ 12 \end{pmatrix} \text{ bzw. } \begin{pmatrix} -44 \\ 0 \\ 0 \end{pmatrix} + \lambda \cdot \begin{pmatrix} -1{,}5 \\ 2 \\ 0 \end{pmatrix} + \mu \cdot \begin{pmatrix} 0 \\ 0 \\ 2 \end{pmatrix} = \begin{pmatrix} -31{,}6 \\ -16{,}5 \\ 12 \end{pmatrix}$$

B hat die Koordinaten $B(-31{,}6|-16{,}5|12)$.

Abstand als Betrag des Lotes von A auf g berechnen (Material e)

Der Durchstoßpunkt B der Flugbahn F_2 durch die Hilfsebene ist der Fußpunkt des Lotes von A auf die Flugbahn F_2, also auf die Gerade g_2. Der Abstand von A zu g_2 ist also der Betrag des Vektors $\overrightarrow{AB} = \overrightarrow{OB} - \overrightarrow{OA}$:

$$\overrightarrow{OB} - \overrightarrow{OA} = \left|\begin{pmatrix} -31{,}6 \\ -16{,}5 \\ 12 \end{pmatrix} - \begin{pmatrix} -34{,}3 \\ -12{,}8 \\ 14{,}3 \end{pmatrix}\right| = \left|\begin{pmatrix} 2{,}7 \\ -3{,}7 \\ -2{,}3 \end{pmatrix}\right| = \sqrt{2{,}7^2 + (-3{,}7)^2 + (-2{,}3)^2} \approx 5{,}13$$

Der Durchstoßpunkt A der Bahn der ersten Flugzeugs F_1 durch die Ebene der Landesgrenze hat von der Bahn des zweiten Flugzeugs F_2 den Abstand von etwa 5,13 km.

AUFGABE 6 *Die Ebene E enthält den Punkt P(4|2|3) und besitzt den Normalenvektor:* $\vec{n} = \begin{pmatrix} 1 \\ 2 \\ -2 \end{pmatrix}$. *Gib die Gleichung von E in Normalenform an. Bestimme daraus eine Parametergleichung.*

5

Lagebeziehung zwischen zwei Ebenen

WISSEN **Lage zweier Ebenen zueinander**

Gegeben sind die beiden Ebenen E: $\vec{x} = \vec{a} + r \cdot \vec{b} + s \cdot \vec{c}$ und F: $\vec{x} = \vec{u} + k \cdot \vec{v} + l \cdot \vec{w}$ in Parameterform. Wenn die Gleichung: $\vec{a} + r \cdot \vec{b} + s \cdot \vec{c} = \vec{u} + k \cdot \vec{v} + l \cdot \vec{w}$

- **unendlich viele Lösungen** (r; s; v; l) hat, wobei drei der gesuchten Parameter vom vierten abhängen, schneiden sich die Ebenen in der Geraden g;
- **keine Lösung** hat, liegen die Ebenen parallel zueinander;
- **unendlich viele Lösungen** hat, sind die Ebenen identisch.

Lagebeziehung der beiden Ebenen berechnen (Material f)

Die Ebene E zur Landesgrenze ist aus Aufgabe c) bereits bekannt:

$$E: \vec{x} = \vec{a} + r \cdot \vec{b} + s \cdot \vec{c} = \begin{pmatrix} -10 \\ -25 \\ 0 \end{pmatrix} + r \cdot \begin{pmatrix} 100 \\ -50 \\ 0 \end{pmatrix} + s \cdot \begin{pmatrix} 0 \\ 0 \\ 10 \end{pmatrix}.$$

Die Ebene F ergibt sich aus den Richtungsvektoren der beiden Flugbahnen und einem Punkt in der Ebene, also bspw. dem Schnittpunkt der Flugbahnen:

$$F: \vec{x} = \vec{u} + k \cdot \vec{v} + l \cdot \vec{w} = \begin{pmatrix} 11 \\ 15{,}5 \\ 12 \end{pmatrix} + k \cdot \begin{pmatrix} 4 \\ 2{,}5 \\ -0{,}2 \end{pmatrix} + l \cdot \begin{pmatrix} 2 \\ 1{,}5 \\ 0 \end{pmatrix}$$

Gleichsetzen der Ebenengleichungen ergibt:

$$\begin{pmatrix} -10 \\ -25 \\ 0 \end{pmatrix} + r \cdot \begin{pmatrix} 100 \\ -50 \\ 0 \end{pmatrix} + s \cdot \begin{pmatrix} 0 \\ 0 \\ 10 \end{pmatrix} = \begin{pmatrix} 11 \\ 15{,}5 \\ 12 \end{pmatrix} + k \cdot \begin{pmatrix} 4 \\ 2{,}5 \\ -0{,}2 \end{pmatrix} + l \cdot \begin{pmatrix} 2 \\ 1{,}5 \\ 0 \end{pmatrix}$$

$-10 + 100r = 11 + 4k + 2l$

$-25 - 50r = 15{,}5 + 2{,}5k + 1{,}5l$

$10s = 12 - 0{,}2k$

$\Rightarrow (s = 1{,}2 - 0{,}02k;\ r = -0{,}198 + 0{,}004k;\ k;\ l = -20{,}4 - 1{,}8k)$

Die Ebenen schneiden sich in einer Schnittgeraden. Einsetzen der Parameter in die Ebenengleichungen liefert die Schnittgerade g:

$$g: \vec{x} = \begin{pmatrix} -29{,}8 \\ -15{,}1 \\ 12 \end{pmatrix} + k \cdot \begin{pmatrix} 0{,}4 \\ -0{,}2 \\ -0{,}2 \end{pmatrix}.$$

Im Prinzip würde es reichen, nur mit einer der beiden Ebenengleichungen die Schnittgerade zu bestimmen. Es ist jedoch sinnvoll, das Ergebnis mit der jeweils anderen zu überprüfen.

WISSEN **Ebene in Koordinatenform**

Eine Ebene E lässt sich durch eine Koordinatengleichung:

$a_1 \cdot x_1 + a_2 \cdot x_2 + a_3 \cdot x_3 = b$

beschreiben, wobei mindestens einer der drei Koeffizienten a_1, a_2, a_3 ungleich null ist.

AUFGABE 7 *Bestimme die gegenseitige Lage der beiden Ebenen und gib gegebenenfalls die Schnittgerade an.*

a) E_1: $x_1 - 3x_2 = 5$ und E_2: $9x_2 + x_3 = -16$

b) E_1: $2x_1 + x_2 - x_3 = 4$ und E_2: $4x_1 + 2x_2 - 2x_3 = -1$

WISSEN **Schnittwinkel zweier Ebenen**

Schneiden sich zwei Ebenen E_1 und E_2 mit den Normalenvektoren $\vec{n_1}$ und $\vec{n_2}$, dann gilt für den Schnittwinkel α: $\cos \alpha = \frac{|\vec{n_1} \cdot \vec{n_2}|}{|\vec{n_1}| \cdot |\vec{n_2}|}$

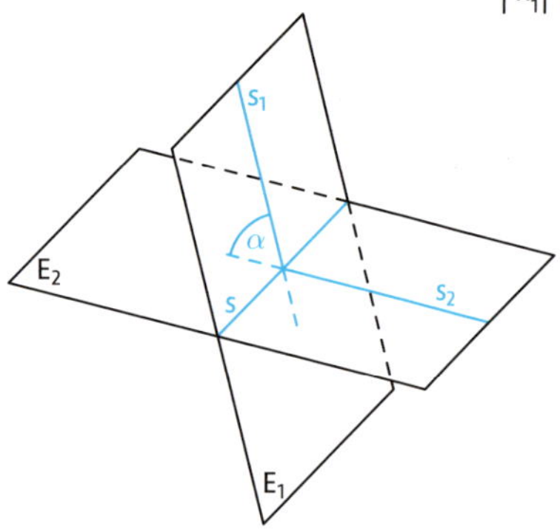

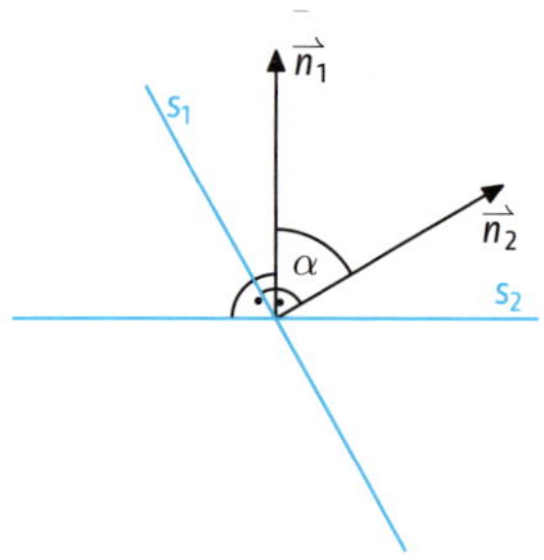

Schnittwinkel der beiden Ebenen berechnen (Material f)

E: $\vec{x} = \begin{pmatrix} -10 \\ -25 \\ 0 \end{pmatrix} + r \cdot \begin{pmatrix} 100 \\ -50 \\ 0 \end{pmatrix} + s \cdot \begin{pmatrix} 0 \\ 0 \\ 10 \end{pmatrix}$; F: $\vec{x} = \begin{pmatrix} 11 \\ 15{,}5 \\ 12 \end{pmatrix} + k \cdot \begin{pmatrix} 4 \\ 2{,}5 \\ -0{,}2 \end{pmatrix} + l \cdot \begin{pmatrix} 2 \\ 1{,}5 \\ 0 \end{pmatrix}$

Die Normalenvektoren der Ebenen ergeben sich als Normalenvektoren auf jeweils die beiden Spannvektoren:

$\vec{n_1} \cdot \begin{pmatrix} 100 \\ -50 \\ 0 \end{pmatrix} = 0$; $\vec{n_1} \cdot \begin{pmatrix} 0 \\ 0 \\ 10 \end{pmatrix} = 0$. Mit $2n_1 = n_2$ ist ein Normalenvektor: $\vec{n_1} = \begin{pmatrix} 1 \\ 2 \\ 0 \end{pmatrix}$

$\vec{n_2} \cdot \begin{pmatrix} 4 \\ 2{,}5 \\ -0{,}2 \end{pmatrix} = 0$; $\vec{n_2} \cdot \begin{pmatrix} 2 \\ 1{,}5 \\ 0 \end{pmatrix} = 0$. Mit $n_1 = -0{,}75 n_2$ und $n_3 = -2{,}5 n_2$ ist ein Normalenvektor:

$\vec{n_2} = \begin{pmatrix} -3 \\ 4 \\ -10 \end{pmatrix}$. Der Winkel zwischen den Ebenen ergibt sich damit zu:

$$\cos \alpha = \frac{|\vec{n_1} \cdot \vec{n_2}|}{|\vec{n_1}| \cdot |\vec{n_2}|} = \frac{|-3 + 8 + 0|}{\sqrt{1+4} \cdot \sqrt{9 + 16 + 100}} = 0{,}2 \Rightarrow \alpha \approx 78{,}46\,°.$$

6 Exkurs: Lagebeziehungen mit Kreisen und Kugeln

WISSEN **Kreise und Kugeln**

Es seien $\vec{m}$ der Ortsvektor des Mittelpunkts M und $\vec{p}$ der Ortsvektor zu einem beliebigen Punkt P eines Kreises bzw. einer Kugel mit dem Radius r. Dann ist: $(\vec{p} - \vec{m})^2 = r^2$ eine vektorielle Kreis- bzw. Kugelgleichung.

In einem ebenen kartesischen Koordinatensystem wird ein Kreis mit dem Mittelpunkt $M(m_x|m_y)$ und dem Radius r durch die Koordinatengleichung $(x - m_x)^2 + (y - m_y)^2 = r^2$ beschrieben und eine Kugel mit dem Mittelpunkt $M(m_x|m_y|m_z)$ und dem Radius r durch die Koordinatengleichung $(x - m_x)^2 + (y - m_y)^2 + (z - m_z)^2 = r^2$.

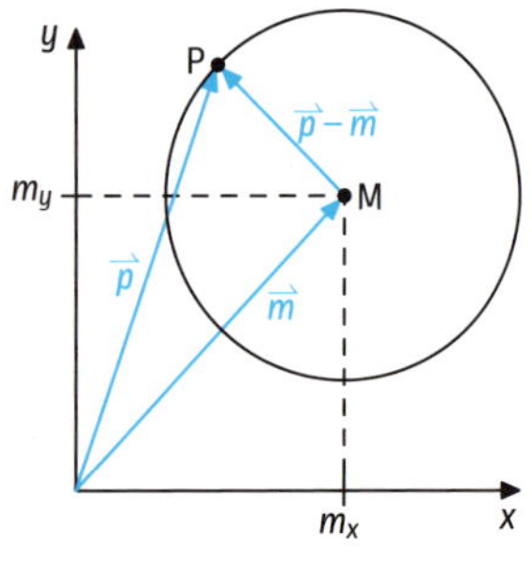

WISSEN **Lagebeziehungen zwischen Geraden und Kreisen oder Kugeln**

Auch zwischen Kreisen oder Kugeln und Geraden lassen sich Lagebeziehungen finden. Eine Gerade ist

- **eine Tangente,** wenn sie den Kreis oder die Kugel in einem Punkt berührt;
- **eine Sekante,** wenn sie den Kreis oder die Kugel in zwei Punkten schneidet;
- **eine Passante,** wenn sie den Kreis oder die Kugel in keinem Punkt schneidet.

Eine Kugel kann außerdem auch mit einer Ebene einen oder keinen Punkt gemeinsam haben oder einen (Schnitt-)kreis.

Lagebeziehung zwischen einer Gerade und einem Kreis berechnen

Ist die Kreisgleichung in Koordinatenschreibweise gegeben:
$K: x^2 + y^2 + z^2 + 2x - 2y - 4z = 92$
und die Geradengleichung in Vektorschreibweise $g: \vec{x} = \begin{pmatrix} 3 \\ -2 \\ 3 \end{pmatrix} + t \cdot \begin{pmatrix} -2 \\ 1 \\ -1 \end{pmatrix}$,
lassen sich die Schnittpunkte berechnen, indem man die Komponenten der Geradengleichung in die Kreisgleichung einsetzt:
$x = 3 - 2t;\ y = -2 + t;\ z = 3 - t.$
Man erhält eine quadratische Gleichung für t: $t^2 - 4t - 12 = 0$ mit der Lösung $t_1 = -2$, $t_2 = 6$.
Einsetzen der Werte für t in die Geradengleichung liefert die Koordinaten der Schnittpunkte von Gerade und Kreis:
$S_1(7|-4|5)$ und $S_2(-9|4|-3)$.

WISSEN **Lagebeziehungen zwischen Ebenen und Kugeln**

Wenn der Abstand zwischen dem Mittelpunkt der Kugel und der Ebene kleiner ist als der Radius, schneidet die Ebene die Kugel; ist er gleich dem Radius, ist es eine Tangentialebene; ist der Abstand größer als der Radius, haben Ebene und Kugel keinen Punkt gemeinsam.
Der Abstand eines Punktes zu einer Ebene lässt sich am einfachsten berechnen, wenn die Ebenengleichung in der hesseschen Normalenform vorliegt.

AUFGABE 8 *Untersuche die gegenseitige Lage der Kugel mit dem Mittelpunkt $M(2|1|-5)$ und dem Radius $r = 3$ mit der Ebene:*
$E: \left[\vec{x} - \begin{pmatrix} 4 \\ 1 \\ 3 \end{pmatrix}\right] \cdot \begin{pmatrix} 1 \\ 2 \\ -1 \end{pmatrix} = 0.$
Bestimme Radius und Mittelpunkt des Schnittkreises.

AUFGABE 9 *Gegeben sind die Ebene $E: 2x + y - 2z - 16 = 0$ sowie die Punkte $P(24|-36|p_z)$, $Q(0|-6|40)$ und $R(0|-12|13)$.*
a) Bestimme p_z, sodass P in E liegt.
b) Bestimme die Ebene F, die parallel zu E liegt und den Punkt R enthält.
c) Wie groß ist der Schnittwinkel zwischen der Geraden g, die durch P und Q geht, und dem Normalenvektor der Ebene E?
d) Gib den Mittelpunkt und den Radius der Kugel an, die die beiden Ebenen E und F berührt und den Punkt R enthält.

Zufallsexperimente

Wahrscheinlichkeiten und Zählprobleme

1 Zufallsexperimente und Zählprobleme

- Zufallsexperiment
- Begriffe und Festlegungen
- Anzahl möglicher Ergebnisse bestimmen
- Zählprobleme
- Wahl des passenden Zählproblems

2 Wahrscheinlichkeiten für ein Laplace-Experiment

- Glücksspiel „euromilhões“ als Zufallsexperiment
- Laplace-Experiment
- Bestimmen der Ergebnismenge
- Wahrscheinlichkeit für 3 Richtige berechnen
- Urnenmodelle
- Wahrscheinlichkeit für 3 Richtige mithilfe eines Urnenmodells berechnen

3 Baumdiagramme und Pfadregeln

- Baumdiagramm erstellen

4 Bedingte Wahrscheinlichkeiten

- Bedingte Wahrscheinlichkeit über Baumdiagramm bestimmen
- Vierfeldertafeln
- Bedingte Wahrscheinlichkeit über Vierfeldertafel bestimmen
- Rechnen mit bedingten Wahrscheinlichkeiten

MATERIAL

Zufallsexperiment

In Portugal gibt es das Glücksspiel „euromilhões“. Man darf dabei aus 50 Zahlen 5 ankreuzen und aus 9 Sternen 2.

a) Berechne die Anzahl der möglichen Paare aus den 9 Sternen.

b) Berechne die Wahrscheinlichkeit, von den 5 gezogenen Gewinnzahlen genau 3 richtig angekreuzt zu haben.

c) Du hast den Hauptgewinn gezogen und willst dir nun ein Auto kaufen. Ein Automobilproduzent hat seine Erfahrungen mit sog. „Montagsautos“ statistisch ausgewertet: Bei Autos, die an einem Montag produziert wurden, traten in 12 % der Fälle Fehler auf, bei den Dienstag bis Freitag produzierten Autos nur in 5 % der Fälle.
Wie groß ist die Wahrscheinlichkeit, dass ein zufällig ausgewähltes Auto fehlerhaft ist?

d) Deine Nachbarin hat nur Nieten getippt und fährt weiterhin an 60 % ihrer Arbeitstage mit der S-Bahn zur Arbeit. In 80 % dieser Fälle kommt sie vor 8 Uhr im Büro an. Durchschnittlich ist sie aber nur an 70 % ihrer Arbeitstage vor 8 Uhr im Büro. Am letzten Montag war sie vor 8 Uhr im Büro. Mit welcher Wahrscheinlichkeit hat sie die S-Bahn benutzt?

1 Zufallsexperimente und Zählprobleme

WISSEN **Zufallsexperiment**

Bei einem Zufallsexperiment sind mindestens zwei Ergebnisse möglich und es ist vor Ablauf des Vorgangs nicht vorhersagbar, welches der möglichen Ereignisse eintreten wird.

WISSEN **Begriffe und Festlegungen**

- Jeder Ausgang eines Zufallsexperiments wird als **Ergebnis** bezeichnet.
- Die Menge Ω aller möglichen Ergebnisse heißt **Ergebnismenge** des Zufallsexperiments.
- Jede Teilmenge A der Ergebnismenge Ω heißt **Ereignis.**
- Die einelementigen Teilmengen von Ω nennt man **Elementarereignisse.**
- Die Menge aller zu einer Ergebnismenge gehörenden Ereignisse heißt **Ereignisraum.**
- A heißt **unmögliches Ereignis,** falls $A = \emptyset$ gilt; A heißt **sicheres Ereignis,** falls $A = \Omega$ gilt.
- Das **Gegenereignis** oder Komplementärereignis $\overline{A}$ enthält alle Elemente von Ω, die nicht zu A gehören.

Anzahl möglicher Ergebnisse bestimmen (Material a)

Es soll die Anzahl Möglichkeiten angegeben werden, Paare aus 9 Sternen anzukreuzen, also die Anzahl möglicher Ergebnisse des Experiments „2 Sterne von 9 werden angekreuzt". Das entspricht einem zweistufigen Zufallsversuch, weil zweimal hintereinander je ein Stern angekreuzt wird. Ein Stern kann dabei nicht zweimal angekreuzt werden.
Man könnte hier ein Baumdiagramm anfertigen, um die möglichen Sternkombinationen zu ermitteln. In der ersten Stufe hat man 9 Sterne zur Auswahl, in der zweiten zu jedem der 9 Sterne noch einmal 8 (der bereits angekreuzte fällt weg). Daher wird das Baumdiagramm sehr „breit" und umständlich zu zeichnen.
Man bedient sich daher besser der Zählprinzipien der Kombinatorik.

WISSEN **Zählprobleme**

Bei Zählproblemen muss unterschieden werden, ob
- die Reihenfolge eine Rolle spielt und
- ob „zurückgelegt" wird oder nicht.

Die Tabelle gibt für die verschiedenen Fälle die Rechenvorschriften an, nach denen die Anzahl der Möglichkeiten berechnet wird, wenn k Elemente aus einer Menge mit n Elementen ausgewählt werden:

		Reihenfolge	
		ja	nein
Zurücklegen	ja	n^k	$\binom{n+k-1}{k}$
	nein	$\frac{n!}{(n-k)!}$	$\binom{n}{k}$

- **Geordnete Stichprobe mit Wiederholung (also mit Zurücklegen):**
  Beispiel: Anzahl der Einstellmöglichkeiten eines Zahlenschlosses mit 3 „Ringen", die die 10 Ziffern 0 bis 9 aufweisen – die Reihenfolge ist wichtig (wenn die Zahlen 1-2-3 richtig sind, wird die Einstellung 2-1-3 das Schloss nicht öffnen), es wird „zurückgelegt" (beim 2. Ring sind wieder alle Ziffern möglich). $n = 10$ (Ziffern), $k = 3$ (Ringe):
  Es gibt $n^k = 10^3 = 1000$ Einstellmöglichkeiten.
- **Geordnete Stichprobe ohne Wiederholung (also ohne Zurücklegen):**
  Beispiel: Anzahl der dreistelligen Zahlen aus ungeraden, verschiedenen Ziffern – die Reihenfolge spielt eine Rolle (328 ist eine andere Zahl als 832), es wird nicht „zurückgelegt" (die Ziffern sollen verschieden sein). $n = 5$ (ungerade Ziffern), $k = 3$ (Stellen der Zahl): Es gibt $\frac{n!}{(n-k)!} = \frac{5!}{(5-3)!} = \frac{5!}{2!} = 60$ Möglichkeiten.
- **Ungeordnete Stichprobe mit Wiederholung (also mit Zurücklegen):**
  Beispiel: In einem Sack befinden sich viele Steine der Farben blau, gelb, rot, weiß. Fünf Steine werden gleichzeitig entnommen. Anzahl der möglichen Farbkombinationen – die Reihenfolge spielt keine Rolle (gleichzeitiges Entnehmen), es wird zurückgelegt (große Anzahl Steine im Sack sorgt dafür, dass immer genug von jeder Farbe da sind).
  $n = 4$ (Farben), $k = 5$ (Steine): Es gibt $\binom{n+k-1}{k} = \binom{4+5-1}{5} = \binom{8}{5} = 56$ mögliche Farbkombinationen.
- **Ungeordnete Stichprobe ohne Wiederholung (also ohne Zurücklegen):**
  Beispiel: Anzahl Tippmöglichkeiten beim Lotto „6 aus 49" – Reihenfolge spielt keine Rolle bei der Ziehung der Lottozahlen; es wird nicht zurückgelegt (keine Zahl darf doppelt angekreuzt werden). $n = 49$ (Zahlen), $k = 6$ (Kreuze): Es gibt $\binom{49}{6} = 13\,983\,816$ Tippmöglichkeiten.

AUFGABE 1 *Wie viele Möglichkeiten gibt es jeweils?*
a) Beim Hundertmeterlauf mit 8 Startern soll der Einlauf der ersten 3 getippt werden.
b) Wie viele verschiedene sechsstellige Zahlen kann man mit den Ziffern 2;3;5 und 8 bilden?

Wahl des passenden Zählproblems (Material a)

Zu klären ist nun, welcher Fall in der Aufgabe a) vorliegt:

- Die Reihenfolge der Kreuze spielt (wie beim hiesigen Lotto) keine Rolle.
- Jeder Stern darf nur einmal angekreuzt werden, es wird nicht zurückgelegt.

$\Rightarrow$ „Ungeordnete Stichprobe ohne Zurücklegen"
$\Rightarrow$ Die Anzahl Zweierkombinationen aus 9 Zahlen ohne Zurücklegen (n = 9, k = 2) beträgt: $\binom{9}{2} = 36$.

2 Wahrscheinlichkeiten für ein Laplace-Experiment

Glücksspiel „euromilhões" als Zufallsexperiment (Material b)

Das Ankreuzen einer Zahl aus 50 möglichen ist ein Zufallsexperiment, die angekreuzte Zahl das Ergebnis. Da es 50 Zahlen auf dem Schein gibt, besteht die Ergebnismenge Ω aus den 50 Zahlen: 1, 2, ..., 50. Die Wahrscheinlichkeit, angekreuzt zu werden, ist für jede Zahl gleich hoch. Ein solches Experiment, bei dem jedes Ergebnis mit der gleichen Wahrscheinlichkeit eintritt, nennt man Laplace-Experiment.

WISSEN **Laplace-Experiment**

Bei einem Laplace-Experiment tritt jedes Ergebnis mit derselben Wahrscheinlichkeit ein. Besteht die Ergebnismenge Ω aus n Ergebnissen $e_1, e_2, \ldots, e_n$, so tritt jedes Ergebnis e_i mit der Wahrscheinlichkeit $P(\{e_i\}) = \frac{1}{n} = \frac{1}{|\Omega|}$ ein.
Enthält das Ereignis A genau k Elementarereignisse, so gilt:

$$P(A) = \frac{k}{n} = \frac{|A|}{|\Omega|} = \frac{\text{Anzahl der für A günstigen Ergebnisse}}{\text{Anzahl aller möglichen Ergebnisse}}.$$

AUFGABE 2 *In einer Urne sind zehn Kugeln mit den Nummern 1 bis 10. Es wird eine Kugel gezogen. Gib die Wahrscheinlichkeit für folgende Ereignisse an:*
a) Die gezogene Zahl ist durch 3 teilbar.
b) Die gezogene Zahl ist kleiner als 6.

Bestimmen der Ergebnismenge (Material b)

Zunächst soll die Mächtigkeit der Ergebnismenge |Ω| gefunden werden. Diese entspricht der Anzahl möglicher Fünfer-Kombinationen |Ω| von angekreuzten Zahlen. Dabei ist die Reihenfolge gleichgültig und es wird jede Zahl höchstens einmal gezogen – „ungeordnete Stichprobe ohne Zurücklegen". Es gibt daher bei insgesamt n = 50 Zahlen $|\Omega| = \binom{n}{k} = \binom{50}{5}$ Möglichkeiten, 5 Zahlen anzukreuzen.

Wahrscheinlichkeit für 3 Richtige berechnen (Material b)

Gefragt ist nun nach der Wahrscheinlichkeit P(A) für das Ereignis A, unter den gezogenen 5 Kugeln genau 3 Richtige und 2 Nieten zu haben. A setzt sich zusammen aus den für dieses Ereignis A günstigen Ergebnissen. Die Anzahl günstiger Ergebnisse |A| ergibt sich als Produkt von:

- der Anzahl der Möglichkeiten, aus 5 Gewinnzahlen genau 3 auszuwählen und
- der Anzahl der Möglichkeiten, aus 45 Nieten genau 2 auszuwählen:

$\Rightarrow |A| = \binom{5}{3} \cdot \binom{45}{2}$.

Damit ist die Wahrscheinlichkeit: $P(\{\text{genau 3 Richtige}\}) = \frac{\binom{5}{3} \cdot \binom{45}{2}}{\binom{50}{5}} \approx 0{,}0047$.

WISSEN **Urnenmodelle**

Besteht die Möglichkeit, zu einem praktischen zufälligen Vorgang ein Urnenmodell mit derselben Struktur (also z. B. mit einem völlig analogen Baumdiagramm beschreibbar) zu konstruieren, können solche realen Vorgänge simuliert werden.

Häufig sind Urnenmodelle dadurch gekennzeichnet, dass die entsprechenden Urnen nur Kugeln zweier Farben enthalten, aus denen mit einem Griff (ohne Beachtung der Reihenfolge und ohne Zurücklegen) Kugeln entnommen werden.

„Ziehen ohne Zurücklegen“:

Werden einer Urne mit genau N Kugeln (M weiße, N – M schwarze) genau n Kugeln „auf gut Glück“ und ohne Zurücklegen entnommen, dann gilt

$$P(\{\text{genau } m \text{ weiße Kugeln entnommen}\}) = \frac{\binom{M}{m} \cdot \binom{N-M}{n-m}}{\binom{N}{n}}$$

$(N, M, n, m \in \mathbb{N};\ 0 \le m \le n;\ m \le M;\ n - m \le N - M;\ M \le N;\ n \le N)$.

Wahrscheinlichkeit für 3 Richtige mithilfe eines Urnenmodells berechnen (Material b)

Ein solches Urnenmodell lässt sich auf die Aufgabe anwenden. Die N = 50 Zahlen werden in zwei Gruppen geteilt – die Gewinnzahlen und die Nieten. Die Gewinnzahlen entsprechen 5 weißen Kugeln, die Nieten 45 schwarzen Kugeln: N = 50, M = 5.

Entnommen werden 5 Kugeln (weil 5 Zahlen angekreuzt werden).

Gesucht ist die Wahrscheinlichkeit, unter den n = 5 gezogenen Kugeln genau 3 weiße Kugeln zu haben: m = 3.

$$P(\{\text{genau 3 weiße Kugeln entnommen}\}) = \frac{\binom{5}{3} \cdot \binom{50-5}{5-3}}{\binom{50}{5}} = \frac{\binom{5}{3} \cdot \binom{45}{2}}{\binom{50}{5}} \approx 0{,}0047$$

Die Wahrscheinlichkeit, genau 3 Richtige zu haben, beträgt etwa 0,47 %.

3 Baumdiagramme und Pfadregeln

WISSEN **Baumdiagramm**

Die Ergebnisse eines k-stufigen Zufallsexperiments lassen sich in einem Baumdiagramm erfassen, woraus man ihre Darstellung als k-Tupel ablesen kann.

WISSEN **Baumdiagramm und Pfadregeln**

- **Erste Pfadregel:** Die Wahrscheinlichkeit eines Elementarereignisses ist gleich seiner Pfadwahrscheinlichkeit, d. h. dem Produkt der Wahrscheinlichkeiten entlang des Pfades, zu dem das Ereignis gehört.
- **Zweite Pfadregel:** Die Wahrscheinlichkeit eines Ereignisses ist gleich der Summe aller Pfadwahrscheinlichkeiten der zugehörigen Elementarereignisse.
- **Verzweigungsregel:** Die Summe aller Wahrscheinlichkeiten an den Ästen, die von ein und demselben Knoten ausgehen, ist stets 1.

AUFGABE 3 *In einer Urne sind zwei blaue und zwei weiße Kugeln. Es wird so lange ohne Zurücklegen gezogen, bis die beiden blauen Kugeln aus der Urne entnommen sind. Wie groß ist die Wahrscheinlichkeit, dass dazu insgesamt drei Kugeln gezogen werden müssen? Zeichne ein Baumdiagramm.*

Baumdiagramm erstellen (Material c)

Die Frage nach der Wahrscheinlichkeit für ein fehlerhaftes Auto lässt sich mithilfe eines zweistufigen Baumdiagramms beantworten. Zunächst ermittelt man, mit welcher Wahrscheinlichkeit ein Auto ein Montagsauto ist, in der zweiten Stufe ermittelt man, mit welcher Wahrscheinlichkeit das Auto fehlerfrei ist. Zum Schluss wird die Gesamtwahrscheinlichkeit mithilfe der Pfadregeln ermittelt.

Dazu legt man fest:

M = Montagsauto, $\overline{M}$ = Auto Dienstag bis Freitag produziert → Gegenereignis

F = Auto mit Fehler; $\overline{F}$ = Auto ohne Fehler

Es gibt 5 Arbeitstage, d. h., die Wahrscheinlichkeit, an einem bestimmten Tag (= Montag) produziert worden zu sein, ist $\frac{1}{5} = 0{,}2$ (vorausgesetzt, die produzierte Anzahl ist jeden Tag dieselbe). Die Wahrscheinlichkeit, an den übrigen 4 Tagen produziert worden zu sein, beträgt dann $4 \cdot \frac{1}{5} = 0{,}8$.

Die Wahrscheinlichkeit, dass ein Montagsauto fehlerhaft ist, ist mit 0,12 angegeben; die Wahrscheinlichkeit für ein fehlerfreies Auto unter den Montagsautos ist dann $1 - 0{,}12 = 0{,}88$.

Analog erhält man für die Wahrscheinlichkeit eines fehlerfreien Autos unter den an einem anderen Tag produzierten: $1 - 0{,}05 = 0{,}95$.

Diese Wahrscheinlichkeitswerte werden an die Äste des Baumdiagramms geschrieben:

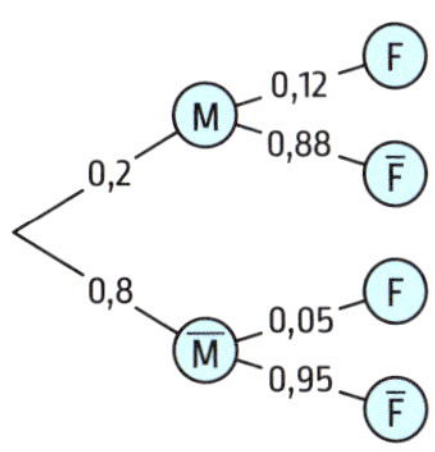

Zwei Pfade führen zum gesuchten Ergebnis „fehlerhaftes Auto“. Die Ergebniswahrscheinlichkeiten ergeben sich als Produkte der Pfadwahrscheinlichkeiten und müssen nach der Summenregel addiert werden:

$P(M \cap F) + P(\overline{M} \cap F) = 0{,}2 \cdot 0{,}12 + 0{,}8 \cdot 0{,}05 = 0{,}064$.

Die Wahrscheinlichkeit, dass ein zufällig ausgewähltes Auto fehlerhaft ist, beträgt 6,4 %.

4 Bedingte Wahrscheinlichkeiten

WISSEN **Bedingte Wahrscheinlichkeiten**

Von bedingten Wahrscheinlichkeiten spricht man, wenn ein Ereignis unter der Bedingung eintritt, dass vorher ein anderes Ereignis eingetreten ist. Für zwei Ereignisse A und B, beide Teilmengen der Ergebnismenge Ω, ist die bedingte Wahrscheinlichkeit des Ereignisses A unter der Bedingung B: $P_B(A) = \frac{P(A \cap B)}{P(B)}$.

Bedingte Wahrscheinlichkeit über Baumdiagramm bestimmen (Material d)

Zur Lösung der Aufgabe d) definiert man:
A: Fahrt mit der S-Bahn; B: Ankunft vor 8 Uhr
Gefragt ist die Wahrscheinlichkeit für eine Benutzung der S-Bahn (A) unter der Bedingung, dass die Nachbarin vor 8 Uhr im Büro angekommen ist (B): $P_B(A) = \frac{P(A \cap B)}{P(B)} = \frac{P(A) \cdot P_A(B)}{P(B)}$.

Die fehlenden Wahrscheinlichkeitsangaben ergeben sich aus folgenden Baumdiagrammen:

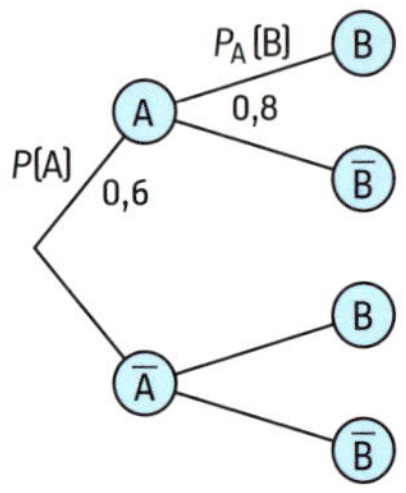

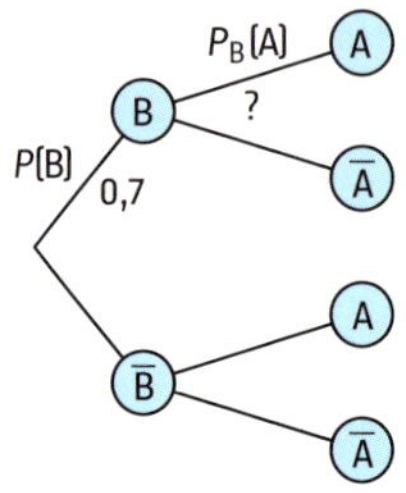

Links: Ereignis A (Fahrt mit der S-Bahn) ist die Bedingung. Laut Aufgabenstellung ist:
P(A) = 0,6 (sie fährt an 60 % der Arbeitstage mit der S-Bahn); $P_A(B) = 0{,}8$ (in 80 % der Tage, an denen sie mit der S-Bahn fährt, kommt sie vor 8 Uhr an).
Rechts: Ereignis B (Ankunft vor 8 Uhr) ist die Bedingung. Laut Aufgabenstellung ist
P(B) = 0,7 (sie kommt in 70 % der Arbeitstage vor 8 Uhr an).
Damit ist:

$$P_B(A) = \frac{P(A) \cdot P_A(B)}{P(B)} = \frac{0{,}6 \cdot 0{,}8}{0{,}7} \approx 0{,}6857.$$

WISSEN **Vierfeldertafeln**

Beim Berechnen von Wahrscheinlichkeiten ist es oft zweckmäßig, sich die Wahrscheinlichkeiten der einzelnen Ereignisse in einer Vier- oder Mehrfeldertafel zu veranschaulichen.
Man zerlegt dazu die Ergebnismenge Ω in Ereignisse A_i, die
(1) jeweils eine positive Wahrscheinlichkeit besitzen: $P(A_i) > 0 \ \forall \ i$,
(2) paarweise unvereinbar sind: $A_i \cap A_j = \emptyset$ für $i \neq j$,
(3) vereinigt das sichere Ereignis ergeben: $A_1 \cup A_2 \cup \ldots \cup A_m = \Omega$.
Sind A und B zwei Ereignisse aus Ω, hat die Vierfeldertafel die Form:

	A	$\overline{A}$	
B	$P(A \cap B) = p_1$	$P(\overline{A} \cap B) = p_2$	$P(B) = p_1 + p_2$
$\overline{B}$	$P(A \cap \overline{B}) = p_3$	$P(\overline{A} \cap \overline{B}) = p_4$	$P(\overline{B}) = p_3 + p_4$
	$P(A) = p_1 + p_3$	$P(\overline{A}) = p_2 + p_4$	$1 = p_1 + p_2 + p_3 + p_4$

Bedingte Wahrscheinlichkeit über Vierfeldertafel bestimmen (Material d)

Man kennt aus der Aufgabenstellung: $P(A) = 0{,}6$ und $P_A(B) = 0{,}8$; daraus ergibt sich $P(\bar{A}) = 1 - 0{,}6 = 0{,}4$ und $P_A(\bar{B}) = 1 - 0{,}8 = 0{,}2$. Ferner kennt man $P(B) = 0{,}7$, daraus ergibt sich $P(\bar{B}) = 1 - 0{,}7 = 0{,}3$.

	A	$\bar{A}$	
B	$P(A \cap B) = p_1$ $= 0{,}6 \cdot 0{,}8 = 0{,}48$	$P(\bar{A} \cap B) = p_2$	$P(B) = p_1 + p_2 = 0{,}7$
$\bar{B}$	$P(A \cap \bar{B}) = p_3$ $= 0{,}6 \cdot 0{,}2 = 0{,}12$	$P(\bar{A} \cap \bar{B}) = p_4$	$P(\bar{B}) = p_3 + p_4 = 0{,}3$
	$P(A) = p_1 + p_3 = 0{,}6$	$P(\bar{A}) = p_2 + p_4 = 0{,}4$	$1 = p_1 + p_2 + p_3 + p_4$

Berechnen von p_2 und p_4: $p_2 = 0{,}7 - p_1 = 0{,}7 - 0{,}48 = 0{,}22$; $p_4 = 0{,}3 - p_3 = 0{,}3 - 0{,}12 = 0{,}18$
(Probe: $p_2 + p_4 = 0{,}22 + 0{,}18 = 0{,}4$)
Die vollständige Vierfeldertafel ist somit:

	A	$\bar{A}$	
B	0,48	0,22	0,7
$\bar{B}$	0,12	0,18	0,3
	0,6	0,4	1,0

WISSEN **Rechnen mit bedingten Wahrscheinlichkeiten**

$P(A \cap B) = P(B) \cdot P_B(A)$ (1. Pfadregel)

$P(B) = P(A) \cdot P_A(B) + P(\bar{A}) \cdot P_{\bar{A}}(B)$ (2. Pfadregel) bzw. allgemein: $P(B) = \sum_{i=1}^{n} P(A_i) \cdot P_{A_i}(B)$

$P_B(A_i) = \dfrac{P(A_i) \cdot P_{A_i}(B)}{\sum_{i=1}^{n} P(A_i) \cdot P_{A_i}(B)}$ (Satz von Bayes)

AUFGABE 4 *Eine Firma produziert ein Bauteil, das zu 90 % fehlerfrei ist. Der Kontrolltest meldet bei 97 % der fehlerfreien Bauteile keinen Fehler, während ein fehlerhaftes Bauteil mit einer Wahrscheinlichkeit von 94 % erkannt wird. Kann die Firma mit diesem Kontrolltest erreichen, dass 99 % der ausgelieferten Bauteile fehlerfrei sind? (Tipp: Benutze den Satz von Bayes.)*

AUFGABE 5 *In einem Sportverein sind 40 % der Mitglieder über 50 Jahre alt, 60 % davon sind Männer. Bei den Mitgliedern, die jünger als 50 Jahre sind, beträgt der Anteil der Männer 70 %. Wie viel Prozent der männlichen Mitglieder des Sportvereins sind nicht älter als 50 Jahre?*

AUFGABE 6 *a) Berechne die Wahrscheinlichkeit des Hauptgewinns von „euromilhões".*
b) Auf einem Schulfest befinden sich unter 200 Losen 20 Gewinnlose. Fünf dieser Gewinnlose sind Hauptgewinne. Wie wahrscheinlich ist es, mindestens einen Hauptgewinn beim Kauf von 10 Losen zu ziehen, nachdem schon 40 Lose – darunter 5 Gewinne, aber kein Hauptgewinn – verkauft wurden? (Tipp: $P(A) = 1 - P(\bar{A})$; die Summe der Wahrscheinlichkeiten von Ereignis und Gegenereignis ist 1.)

Zufallsgrößen

Wahrscheinlichkeitsverteilungen

1 Zufallsgrößen

- Zufallsgröße und Wahrscheinlichkeitsverteilung
- Erwartungswert
- Varianz und Standardabweichung

2 Binomialverteilte Zufallsgröße

- Bernoulli-Experiment und Bernoulli-Kette
- Wahrscheinlichkeiten bei einer Bernoulli-Kette
- Binomialverteilung
- Wahrscheinlichkeiten für eine binomialverteilte Zufallsgröße berechnen
- Erwartungswert, Varianz und Standardabweichung
- Abweichung vom Erwartungswert berechnen

3 Normalverteilte Zufallsgröße

- Stetige Zufallsgrößen
- Normalverteilung
- Gaußsche Summenfunktion und Gaußsche Glockenkurve
- Näherungsformel von Moivre und Laplace
- Verwendung der Normalverteilung für große n

4 Testen von Hypothesen

- Statistische Tests
- Begriffe und Festlegungen
- Konstruktion statistischer Tests
- Einseitiger Signifikanztest
- Ablehnungsbereich bestimmen

5 Fehler 1. und 2. Art bestimmen

MATERIAL

Binomial- und Normalverteilung

Laut einer vierjährigen Studie an über 3000 Patienten leidet womöglich mehr als ein Viertel übergewichtiger Menschen unerkannt oder unbehandelt an Diabetes.
Nimm an, dass die Wahrscheinlichkeit, dass übergewichtige Menschen unerkannt an Diabetes leiden, bei 25 % liegt. Eine Gruppe von 50 übergewichtigen Menschen, bei denen keine Diabeteserkrankung bekannt ist, wird auf Diabetes getestet. Um Aussagen über voraussichtliche Untersuchungsergebnisse und ihre Eintrittswahrscheinlichkeit zu machen, kann die Binomialverteilung zugrunde gelegt werden.

a) Berechne, mit welcher Wahrscheinlichkeit bei mindestens 30 der Patienten Diabetes festgestellt wird.
b) Berechne die Wahrscheinlichkeit, dass die Anzahl der Diabeteskranken um höchstens 2 vom Erwartungswert abweicht.
c) In einer größer angelegten Studie in Frankreich soll das Ergebnis dieser europäischen Studie bestätigt werden. Man plant, 5000 Übergewichtige zu untersuchen. Erkläre, warum es sinnvoll ist, zum Auswerten dieser Studie die Normalverteilung zugrunde zu legen.
d) Einem Arzt erscheint die in dem Artikel gemachte Aussage zu den unerkannten Diabeteskranken unwahrscheinlich. Er untersucht daraufhin 50 seiner übergewichtigen Patienten. Stelle ein Testverfahren auf, mit dem der Arzt die Aussage der Studie auf einem 5%igen Signifikanzniveau überprüfen kann.
e) Wie groß ist der Fehler 1. Art dieses Testverfahrens?
f) Beschreibe den Fehler 2. Art in diesem Testverfahren. Wie groß ist er, wenn der Arzt seinen Ablehnungsbereich auf $\overline{A} = \{0, \dots, 7\}$ festlegt und der Anteil der erkrankten Übergewichtigen in Wirklichkeit bei 15 % liegt?

1 Zufallsgrößen

WISSEN Zufallsgröße und Wahrscheinlichkeitsverteilung

- Eine Zuordnung, die jedem Ergebnis $\omega \in \Omega$ eines Zufallsexperiments eine reelle Zahl $X(\omega)$ zuordnet, heißt **Zufallsgröße.**
- Ordnet man jedem Wert x_i, den die Zufallsgröße X annehmen kann, die zugehörige Wahrscheinlichkeit $P(X = x_i)$ zu, so erhält man die **Wahrscheinlichkeitsverteilung** der Zufallsgröße X.
- Die Funktion $F(x) = P(X \leq x)$ nennt man **kumulative Verteilungsfunktion** der Zufallsgröße X, ihre Funktionswerte sind die kumulierten Wahrscheinlichkeiten für $X \leq x$. „Kumuliert" bedeutet hier „summiert", die Wahrscheinlichkeiten werden für alle $X \leq x$ summiert: Für $x = 3$ hieße das: $P(X \leq x) = P(X = 0) + P(X = 1) + P(X = 2) + P(X = 3)$.

Beispiel: In einer Urne seien 4 rote und 7 blaue Kugeln, es soll so lange gezogen werden, bis man zwei Kugeln gleicher Farbe gezogen hat. Die Gesamtzahl gezogener Kugeln ist die Zufallsgröße X. Über ein Baumdiagramm ermittelt man, dass man 2 oder 3 Kugeln zieht, bis man zwei gleichfarbige hat. Die Zufallsgröße X kann also die Werte $x_1 = 2$ oder $x_2 = 3$ annehmen.

Die Wahrscheinlichkeit, mit $x_1 = 2$ Zügen zum Ziel zu kommen, beträgt $P(X = 2) = \frac{27}{55}$, die Wahrscheinlichkeit, mit $x_2 = 3$ zum Ziel zu kommen, beträgt $P(X = 3) = \frac{28}{55}$. Die Wahrscheinlichkeitsverteilung lässt sich in diesem Fall als einfache Tabelle darstellen:

x_i	$P(X = x_i)$
2	$\frac{27}{55}$
3	$\frac{28}{55}$

AUFGABE 1 *Wie sieht die Wahrscheinlichkeitsverteilung beim Werfen eines Würfels aus, wenn die Zufallsgröße die Anzahl geworfener Augen ist?*

WISSEN **Erwartungswert**

Gegeben ist eine Zufallsgröße X, welche die Werte x_i mit der Wahrscheinlichkeit $P(X = x_i)$ annimmt $(1 \leq i \leq n$, d. h., X ist eine endliche Zufallsgröße). Der Erwartungswert von X ist definiert als:
$E(X) = \sum x_i \cdot P(X = x_i)$.
Mit Worten ausgedrückt bedeutet das: Den Erwartungswert erhält man, indem man die möglichen Werte x_i der Zufallsgröße X mit ihren jeweiligen Wahrscheinlichkeiten multipliziert und die Produkte dann addiert. Das entspricht dem arithmetischen Mittel der Werte von X, gewichtet mit den Wahrscheinlichkeiten ihres Eintretens.

Beispiel: Bei einem Laplace-Experiment, bei dem jeder mögliche Wert der Zufallsgröße mit derselben Wahrscheinlichkeit eintritt, entspricht der Erwartungswert dem arithmetischen Mittel. Bei einem Münzwurf tritt „Zahl" und „Kopf" mit derselben Wahrscheinlichkeit von 0,5 ein. Der Zahl sei ein Gewinn von $x_1 = 1$ €, dem Kopf ein Verlust von $x_2 = 0{,}50$ € (bzw. ein Gewinn von $-0{,}50$ €) zugeordnet. Die Zufallsgröße ist der Gewinn. Der Erwartungswert ist dann: $E(X) = x_1 \cdot P(x_1) + x_2 \cdot P(x_2) = 1\,€ \cdot \frac{1}{2} + (-0{,}5\,€) \cdot \frac{1}{2} = 0{,}25\,€$.
Das bedeutet, bei sehr vielen Münzwürfen würde man im Mittel 25 ct pro Wurf gewinnen.

AUFGABE 2 *In einer Urne sind 3 weiße und 6 blaue Kugeln. Es werden so lange Kugeln ohne Zurücklegen gezogen, bis die erste blaue Kugel auftritt. Wie oft muss durchschnittlich gezogen werden?*

WISSEN **Varianz und Standardabweichung**

Neben dem Erwartungswert ist auch wichtig zu wissen, wie stark die einzelnen x_i der Zufallsgröße X von ihrem Erwartungswert E(X) abweichen, also wie stark sie variieren.

Gegeben ist eine Zufallsgröße X mit dem Erwartungswert E(X), welche die Werte x_i mit der Wahrscheinlichkeit $P(X = x_i)$ annimmt. Die Varianz von X ist definiert als:
$V(X) = E[(X - E(X))^2] = \sum_i (x_i - E(X))^2 \cdot P(X = x_i)$.
Die Wurzel aus der Varianz nennt man Standardabweichung: $\sigma(X) = \sqrt{V(X)}$.

AUFGABE 3 *Die 200 Besucher eines Films wurden hinterher zu ihrer Meinung befragt. Sie sollten Schulnoten von 1 (gefiel mir sehr gut) bis 5 (gefiel mir gar nicht) vergeben. Die Urteile fielen folgendermaßen aus:*

Note	1	2	3	4	5
Anzahl	36	52	60	14	38

a) Berechne den Mittelwert und die Standardabweichung.
b) Bei der Befragung in einem anderen Kino mit 150 Besuchern ergab sich ein Mittel von 3,9 bei einer Standardabweichung von 0,5. Was lässt sich im Vergleich zum ersten Kino feststellen?

2 Binomialverteilte Zufallsgröße

WISSEN **Bernoulli-Experiment und Bernoulli-Kette**

Ein Zufallsexperiment heißt Bernoulli-Experiment, wenn nur von Interesse ist, ob ein bestimmtes Ereignis A eingetreten ist oder nicht.
$p = P(A)$ wird als Erfolgswahrscheinlichkeit oder Trefferwahrscheinlichkeit bezeichnet.
Wird ein Bernoulli-Experiment n-mal hintereinander unabhängig ausgeführt, spricht man von einer Bernoulli-Kette mit den Parametern n und p.

Beispiel: Das viermalige Werfen eines Würfels ist keine Bernoulli-Kette, da jeder Wurf 6 mögliche Ausgänge hat. Das viermalige Werfen des Würfels mit der Vorgabe, dass nur die Augenzahl 3 zählt, ist dagegen eine Bernoulli-Kette, da es jetzt nur die Ergebnisse „3" und „Nicht 3" gibt, mit $n = 4$ (Anzahl der Würfe = Versuchswiederholungen) und $p = \frac{1}{6}$ (Erfolgswahrscheinlichkeit = Wahrscheinlichkeit, dass in einem Wurf eine 3 geworfen wird).

WISSEN **Wahrscheinlichkeiten bei einer Bernoulli-Kette**

Die Erfolgswahrscheinlichkeit gibt an, mit welcher Wahrscheinlichkeit das gewünschte Ergebnis in einem Durchgang erzielt wird. Bei einer Bernoulli-Kette interessiert die Wahrscheinlichkeit für eine bestimmte Anzahl Erfolge in der gesamten Kette (also in n Durchgängen). Bei einer Bernoulli-Kette der Länge n und mit der Erfolgswahrscheinlichkeit p beträgt die Wahrscheinlichkeit

- für genau k-mal Erfolg: $B_{n;p}(\{k\}) = P(X = k) = \binom{n}{k} \cdot p^k \cdot (1 - p)^{n-k}$;
- für höchstens k-mal Erfolg: $B_{n;p}(\{0; 1; ...; k\}) = P(X \leq k) = P(X = 0) + P(X = 1) + ... + P(X = k)$ $= \sum_{i=0}^{k} \binom{n}{i} \cdot p^i \cdot (1 - p)^{n-i}$.

WISSEN **Binomialverteilung**

Eine Zufallsgröße X, deren Wahrscheinlichkeitsfunktion die Form
$P(X = k) = B_{n;p}(\{k\}) = \binom{n}{k} \cdot p^k \cdot (1 - p)^{n-k}$, mit $k = 0, 1, 2, ..., n$
hat, nennt man binomialverteilt mit den Parametern n und k.
Dabei ist $p^k \cdot (1 - p)^{n-k}$ die Wahrscheinlichkeit für einen Pfad mit genau k Erfolgen.
Der Binomialkoeffizient $\binom{n}{k}$ gibt die Anzahl der Pfade mit genau k Erfolgen an.
Binomialverteilungen lassen sich aus Tabellen ablesen oder mit dem GTR berechnen.

AUFGABE 4 *Eine Münze wird 5-mal geworfen. Wie groß ist die Wahrscheinlichkeit folgender Ereignisse?*
a) A: Es tritt dreimal Zahl auf.
b) B: Es tritt mindestens einmal Zahl auf.
c) C: Es tritt nur Kopf auf.
d) D: Es tritt höchstens zweimal Zahl auf.

Wahrscheinlichkeiten für eine binomialverteilte Zufallsgröße berechnen (Material a)

In Aufgabe a) ist gefragt, mit welcher Wahrscheinlichkeit bei mindestens 30 der Übergewichtigen Diabetes festgestellt wird.
Die Zufallsgröße ist: Anzahl Übergewichtiger mit unerkanntem Diabetes.
Das Experiment ist der Test, ob ein Übergewichtiger Diabetes hat oder nicht. Das Zufallsexperiment hat also genau zwei mögliche Ausgänge – es interessiert lediglich, ob das Ereignis „Patient hat Diabetes“ eingetreten ist oder nicht. Damit ist das Experiment ein Bernoulli-Experiment (bzw. eine Bernoulli-Kette, da es 50-mal durchgeführt wird.)
Das Ereignis A ist also: „Patient hat Diabetes“.
Untersucht werden sollen 50 Patienten, also gilt $n = 50$.
Die Wahrscheinlichkeit dafür, dass einer der Patienten Diabetes hat, soll mit 25 % angenommen werden: $p = 0{,}25$.
Gesucht ist die Wahrscheinlichkeit, bei mindestens 30 Patienten Diabetes festzustellen; damit ist $30 \leq k \leq n = 50$ (denn k gibt die Anzahl der Patienten mit Diabetes an, diese kann nicht größer als die Gesamtzahl der Patienten werden).
Gesucht ist also:
$B_{50;0,25}(X \geq 30) = P(X \geq 30)$.
Das ergibt 21 Summanden $P(X = 30)$, $P(X = 31)$, …, $P(X = 50)$, die Berechnung von Hand wäre also sehr zeitaufwendig. Mit dem GTR lassen sich Wahrscheinlichkeiten $B_{n;p}(X = k)$ berechnen (mit dem Befehl: `binompdf(n,p,k)` macht der Rechner dies über die Formel $\binom{n}{k} \cdot p^k \cdot (1 - p)^{n-k}$). Oder man berechnet Wahrscheinlichkeiten $B_{n;p}(X \leq m)$ – dabei werden über den Befehl `binomcdf(n,p,m)` die Wahrscheinlichkeiten $B_{n;p}(X = k)$ aufsummiert, wobei k die Werte von 0 bis m durchläuft. Für die Berechnung mit dem GTR benutzt man also das Gegenereignis $\overline{A}$ „Weniger als 30 Patienten haben Diabetes“ mit $P(X \leq 29)$:
$P(X \geq 30) = 1 - P(X \leq 29)$ oder: $B_{50;0,25}(X \geq 30) = 1 - B_{50;0,25}(X \leq 29)$.
Man erhält: $B_{50;0,25}(X \geq 30) = 1 - 0{,}9999998 \approx 1{,}6423 \cdot 10^{-7}$
Die Wahrscheinlichkeit, dass bei mindestens 30 der untersuchten Personen Diabetes auftritt, beträgt 0,000016 %.

WISSEN **Erwartungswert, Varianz und Standardabweichung**

Eine binomialverteilte Zufallsgröße hat
- den Erwartungswert $E(X) = n \cdot p$,
- die Varianz $V(X) = n \cdot p \cdot (1 - p)$,
- die Standardabweichung $\sigma = \sqrt{n \cdot p \cdot (1 - p)}$.

AUFGABE 5 *Bei der Herstellung von DVD-Playern weist im Durchschnitt jedes 20. Gerät Mängel auf.*

a) Mit wie vielen mangelhaften Geräten muss man in einem Monat mit 21 Arbeitstagen rechnen, wenn pro Tag 400 DVD-Player produziert werden?

b) Mit welcher Wahrscheinlichkeit ist unter 40 zufällig herausgegriffenen DVD-Playern höchstens ein mangelhaftes Gerät dabei?

Abweichung vom Erwartungswert berechnen (Material b)

In der Aufgabe ist die Wahrscheinlichkeit gefragt, dass die Anzahl der Diabeteskranken um höchstens 2 vom Erwartungswert abweicht.
Der Erwartungswert ist nach der Formel $E(X) = n \cdot p$ schnell berechnet:
$E(X) = 50 \cdot 0{,}25 = 12{,}5$.
Von diesem zu erwartenden X-Wert soll der gemessene um nicht mehr als 2 abweichen:
$11 \leq X \leq 14$ (es gibt nur „ganze" Patienten).
Gesucht ist also die Wahrscheinlichkeit
$B_{50;0,25}(11 \leq X \leq 14) = B_{50;0,25}(X \leq 14) - B_{50;0,25}(X \leq 10) \approx 0{,}4859$.
Die Wahrscheinlichkeit, dass die Anzahl der Diabeteskranken um höchstens 2 vom Erwartungswert abweicht, beträgt also 48,59 %.

3 Normalverteilte Zufallsgröße

WISSEN **Stetige Zufallsgrößen**

Bisher war k eine natürliche Zahl und die Zufallsgrößen waren diskret. Eine Zufallsgröße, die prinzipiell jeden Wert aus einer überabzählbaren Menge annehmen kann (sei es aus einem beschränkten Intervall oder aus der Menge), nennt man im Allgemeinen eine stetige Zufallsgröße. Dabei ist zu beachten, dass der Begriff „stetige Zufallsgröße" von dem Begriff der „stetigen Funktion" (wie er in der Analysis verwandt wird) abweicht. Mit der Bezeichnung einer Zufallsgröße als stetig drückt man lediglich aus, dass die Wertemenge von X nicht diskret ist, sondern ein Kontinuum bildet. Mitunter wird deshalb auch von einer zufälligen reellen Zahl gesprochen.
Eine Zufallsgröße X heißt stetig, wenn ihre Verteilungsfunktion F stetig ist und $F'(x) = f(x)$ gilt. Die Funktion f heißt Dichtefunktion oder Wahrscheinlichkeitsdichte zu F.
F kann also in der Form geschrieben werden:

$$F(x) = \int_{-\infty}^{x} f(t)\,dt.$$

Für stetige Verteilungsfunktionen ist vor allem die Normalverteilung von Interesse.

WISSEN **Normalverteilung**

Eine stetige Zufallsgröße X heißt normalverteilt mit den Parametern μ und σ^2 oder $(\mu; \sigma^2)$-normalverteilt, wenn:

$$F(x) = P(X \leq x) = \int_{-\infty}^{x} f(t)\,dt.$$

mit:

$$f(t) = \frac{1}{\sqrt{2\pi\sigma^2}} \cdot e^{-\frac{(t-\mu)^2}{2\sigma^2}}.$$

Erwartungswert und Varianz sind gegeben durch $E(X) = \mu$ und $V(X) = \sigma^2$.

WISSEN **Gaußsche Summenfunktion und gaußsche Glockenkurve**

Ist X eine $(\mu; \sigma^2)$-normalverteilte Zufallsgröße, so ist die standardisierte Zufallsgröße $Y = \frac{X - \mu}{\sigma}$ (0; 1)-normalverteilt. Es gilt dann: $P(X \leq x) = \phi\left(\frac{x - \mu}{\sigma}\right)$, wobei die Verteilungsfunktion ϕ auch gaußsche Summenfunktion genannt wird:

$\phi(x) = \int_{-\infty}^{x} \varphi(t)dt$ mit der Dichtefunktion $\varphi(t) = \frac{1}{\sqrt{2\pi}} \cdot e^{-\frac{t^2}{2}}$.

Durch diese Transformation wird eine $(\mu; \sigma^2)$-normalverteilte Zufallsgröße durch eine (0; 1)-normalverteilte (standardnormalverteilte) Zufallsgröße ersetzt. Die standardisierte Zufallsgröße $Y = \frac{X - \mu}{\sigma}$ hat den Erwartungswert 0 und die Standardabweichung 1.
Der Graph der Dichtefunktion φ ist die gaußsche Glockenkurve.

$\varphi(t) = \frac{1}{\sqrt{2\pi}} \cdot e^{-\frac{t^2}{2}}$ ist nicht geschlossen integrierbar. Es gilt: $\phi(-x) = 1 - \phi(x)$.

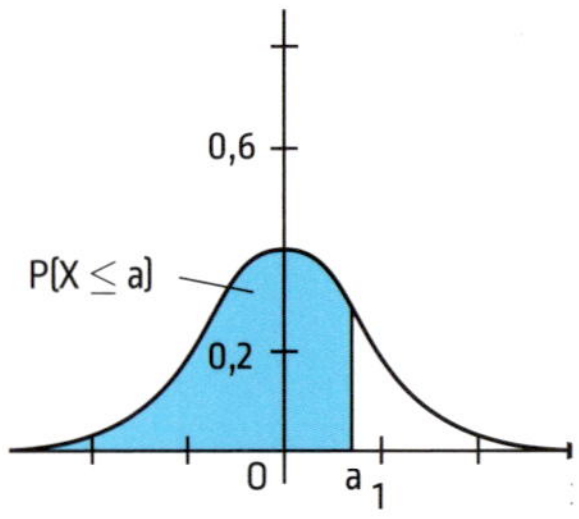

Die Wahrscheinlichkeit $P(X \leq a) = \phi(a) = \int_{-\infty}^{a} \varphi(x)dx$ entspricht dem Inhalt der Fläche, die durch den Graphen von φ, die x-Achse und die Gerade mit der Gleichung x = a begrenzt wird. Der Inhalt der Fläche unter dem gesamten Graphen von φ ist:

$\int_{-\infty}^{\infty} \varphi(x) = \phi(+\infty) = P(X < +\infty) = 1$, ($X < +\infty$ ist ein sicheres Ereignis).

WISSEN **Näherungsformel von Moivre und Laplace**

Bei der praktischen Anwendung der Binomialverteilung treten nicht selten große Werte von n auf, wodurch das Berechnen der Wahrscheinlichkeiten sehr aufwendig wird.
Hier ist es (unter bestimmten Voraussetzungen) günstig, die Binomialverteilung bspw. durch eine Normalverteilung anzunähern. Für hinreichend große n kann die Binomialverteilung $B_{n;p}$ durch die Normalverteilung angenähert werden:

$B_{n;p}(X = k) \approx \frac{1}{\sigma} \varphi\left(\frac{k - \mu}{\sigma}\right)$,

$B_{n;p}(X \leq k) \approx \phi\left(\frac{k - \mu + 0{,}5}{\sigma}\right)$,

mit $\mu = n \cdot p$ und $\sigma = \sqrt{n \cdot p \cdot (1 - p)}$.

Als Faustregel, ab wann n groß genug ist, um die Näherung zu rechtfertigen, gilt, dass erfüllt sein muss: $n \cdot p \cdot (1 - p) > 9$.

AUFGABE 6 *Ein Drittel aller Schüler besitzt im Schnitt ein Handy. X sei die Anzahl der Schüler mit Handy unter 180 zufällig ausgewählten Schülern. Mit welcher Wahrscheinlichkeit befinden sich darunter*
a) nicht mehr als 65 Schüler mit Handy,
b) mehr als 50, aber höchstes 70 Schüler mit Handy?
(Tipp: Wahrscheinlichkeiten der Normalverteilung können mit dem GTR mit der Funktion `normalcdf` *berechnet werden.)*

Verwendung der Normalverteilung für große n (Material c)

Statt der 50 Übergewichtigen, die in den vorhergehenden Abschnitten getestet wurden, sind es in Aufgabe c) 5000 und es stellt sich die Frage nach der Anwendbarkeit der Normalverteilung.
Mit $p = 0{,}25$ ergibt die Faustregel für die Anwendbarkeit der Normalverteilung bei 50 Übergewichtigen: $50 \cdot 0{,}25 \cdot (1 - 0{,}25) = 9{,}73 > 9$.
Die Untersuchung von 50 Übergewichtigen hätte die Bedingung nur knapp erfüllt und eine Behandlung mit der Normalverteilung kaum noch gerechtfertigt.
Bei 5000 Übergewichtigen ergibt die Faustregel: $5000 \cdot 0{,}25 \cdot (1 - 0{,}25) = 937{,}5 > 9$.
Die Untersuchung an 5000 Übergewichtigen rechtfertigt die Benutzung der Normalverteilung dagegen deutlich, n ist groß genug.

4 Testen von Hypothesen

WISSEN **Statistische Tests**

Statistische Tests sind Entscheidungsverfahren für die Annahme oder Ablehnung einer Hypothese über eine Wahrscheinlichkeitsverteilung. Als Hypothesen bezeichnet man begründete Vermutungen über eine bestimmte Eigenschaft einer Grundgesamtheit (bzw. über die Wahrscheinlichkeit ihres Vorhandenseins oder Eintretens), die sich aus der Untersuchung einer Stichprobe ableiten lassen. Einfache Hypothesen sind durch genau einen Wert ($p = p_0$) festgelegt.

WISSEN **Begriffe und Festlegungen**

- Die zu überprüfende Hypothese heißt **Nullhypothese H_0**, die Verneinung Alternativhypothese oder **Gegenhypothese H_1 (oder $\overline{H}$)**.
- Die Wahrscheinlichkeit, eine in Wirklichkeit wahre Nullhypothese irrtümlich als falsch abzulehnen, wird als Irrtumswahrscheinlichkeit bezeichnet, häufig auch **Fehler 1. Art** oder Signifikanzniveau genannt.
- Die Menge der Werte der Zufallsgröße X, für die die Nullhypothese abgelehnt wird, heißt **Ablehnungsbereich $\overline{A}$.** Die Menge der restlichen X-Werte ist der Annahmebereich A.
- Die Wahrscheinlichkeit, dass eine in Wirklichkeit falsche Nullhypothese nicht abgelehnt wird, nennt man **Fehler 2. Art.**
- Ein Testverfahren, bei dem festgestellt wird, ob eine Nullhypothese H_0 abgelehnt wird oder nicht, heißt **Signifikanztest** mit dem Signifikanzniveau α. Ein Test heißt einseitig, wenn A und $\overline{A}$ jeweils nur aus einem einzigen Intervall bestehen. Ein Test heißt zweiseitig, wenn A durch $\overline{A}$ oder $\overline{A}$ durch A in zwei Intervalle geteilt wird.

WISSEN **Konstruktion statistischer Tests**

Bei der Testkonstruktion ist in folgenden Hauptschritten vorzugehen:
(1) Man legt fest, was als Nullhypothese und was als Alternativhypothese zu formulieren ist.
(2a) Man legt den Annahme- bzw. den Ablehnungsbereich für die Nullhypothese fest und ermittelt daraus das zugehörige Signifikanzniveau (also den Fehler 1. Art) und den Fehler 2. Art.
(2b) Oder: Man geht von einem vorgegebenen Signifikanzniveau aus und bestimmt daraus den zugehörigen Annahme- bzw. den Ablehnungsbereich für die Nullhypothese sowie den Fehler 2. Art.

WISSEN **Einseitiger Signifikanztest**

Einseitiger (rechtsseitiger) Signifikanztest:
Bei vorgegebenem α-Wert ist k als diejenige kleinste ganze Zahl zu ermitteln, für die gilt:
$P\overline{A}_{p_0} = P(X \geq k) = B_{n;p_0}(\{k; k+1; ...; n\}) = 1 - B_{n;p_0}(\{0; 1; ...; k-1\}) \leq \alpha$
(oder: $B_{n;p_0}(\{0; 1; ...; k-1\}) \geq 1 - \alpha$)
Einseitiger (linksseitiger) Signifikanztest:
Bei vorgegebenem α-Wert ist k als diejenige größte ganze Zahl zu ermitteln, für die gilt:
$P\left(\overline{A}_{p_0}\right) = P(X \leq k) = B_{n;p_0}(\{0; 1; ...; k\}) \leq \alpha$

Ablehnungsbereich bestimmen (Material d)

In der Aufgabe soll die Aussage der Studie auf einem vorgegebenen 5%igen Signifikanzniveau überprüft werden. Hier muss zur Testkonstruktion also Methode (2b) angewendet werden.
Die zu testende Aussage lautet: „Mehr als 25 % der Übergewichtigen leiden unerkannt an Diabetes."
Damit ist die Nullhypothese H_0: $p_0 \geq 0{,}25$ und die Gegenhypothese H_1: $p_1 < 0{,}25$.
Das Signifikanzniveau ist $\alpha = 0{,}05$.
Die Zufallsgröße X bezeichnet die Anzahl unerkannt Diabeteskranker. Da die Nullhypothese von einer Wahrscheinlichkeit von mehr als 25 % für eine Diabeteserkrankung ausgeht, werden also kleine X-Werte die Nullhypothese widerlegen. Es handelt sich daher um einen einseitigen (linksseitigen) Signifikanztest, bei dem der größte Wert für k zu ermitteln ist, für den $P(X \leq k)$ gerade noch kleiner oder gleich dem Signifikanzniveau ist.
Mithilfe des GTR berechnet man:
$B_{50;0,25}(X \leq 7) = 0{,}045 < \alpha$ und $B_{50;0,25}(X \leq 8) = 0{,}092 > \alpha$.
Wenn in der Stichprobe von 50 Übergewichtigen also 7 oder weniger Personen mit unerkanntem Diabetes gefunden werden, ist die Nullhypothese auf 5%igem Signifikanzniveau zu verwerfen. Der Ablehnungsbereich ist demzufolge $\overline{A} = \{0, 1, ..., 7\}$.

5 Fehler 1. und 2. Art bestimmen

WISSEN **Fehler 1. und 2. Art**

Wenn man eine Untersuchung durchführt, ermittelt man konkrete Werte für X. Diese können einen auf die „falsche Fährte" locken. Beispielsweise könnte der Arzt unter seinen 50 Patienten nur 2 mit unerkanntem Diabetes finden, obwohl die Hypothese stimmt (Fehler 1. Art), weil die Stichprobe zu klein oder unpassend ist. Oder er findet 20 Personen mit unerkanntem Diabetes, obwohl die Hypothese nicht stimmt (Fehler 2. Art).

	Hypothese H_0 ist in Wirklichkeit	
	wahr	**falsch**
H_0 wird abgelehnt	Entscheidung falsch (Fehler 1. Art)	Entscheidung richtig
H_0 wird nicht abgelehnt	Entscheidung richtig	Entscheidung falsch (Fehler 2. Art)

Fehler 1. Art bestimmen (Material e)

Der Fehler 1. Art entspricht der vorgegebenen Irrtumswahrscheinlichkeit von 5 %.
Ein Fehler 1. Art bedeutet, dass man die Aussage der Studie verwirft, obwohl sie richtig ist. Man zieht also den (falschen) Schluss, dass weniger als 25 % der Übergewichtigen an Diabetes leiden. Dies wäre der Fall, wenn bei der konkreten Stichprobe $X \leq 7$ Personen mit unerkanntem Diabetes gefunden würden, obwohl H_0 richtig ist.

Fehler 2. Art bestimmen (Material f)

Der Fehler 2. Art besagt, mit welcher Wahrscheinlichkeit die Hypothese angenommen wird, obwohl sie falsch ist, d. h. obwohl in Wirklichkeit weniger als 25 % der Übergewichtigen an unerkanntem Diabetes leiden.
Zur konkreten Berechnung wird allerdings eine Alternativwahrscheinlichkeit benötigt.
Mit dem tatsächlichen Anteil Diabeteskranker von 15 % ergibt sich der Fehler 2. Art zu
$B_{50;0,15}(X > 7) = 1 - B_{50;0,15}(X \leq 7) \approx 0{,}4812$ (Berechnung mit dem GTR).
Der Fehler 2. Art beträgt also etwa 48,1 %.

AUFGABE 7 *Ein täglich gesendeter Werbespot im Fernsehen wird von 30 % der Zuschauer wahrgenommen. Nachdem der Spot überarbeitet wurde, werden 100 Zuschauer befragt, um zu testen, ob der Werbespot nun eine größere Reichweite hat.*

a) Bestimme den Ablehnungsbereich der Nullhypothese „Der Anteil ist unverändert" für eine Irrtumswahrscheinlichkeit von 10 %.

b) Wie groß ist die Wahrscheinlichkeit für einen Fehler 2. Art, wenn sich der Anteil doch auf 40 % erhöht hat?

AUFGABE 8 *Die Abbildung zeigt ein achtstufiges Galtonbrett: Die Auffangbehälter werden von links nach rechts mit 0, 1, 2, … , 8 bezeichnet.*

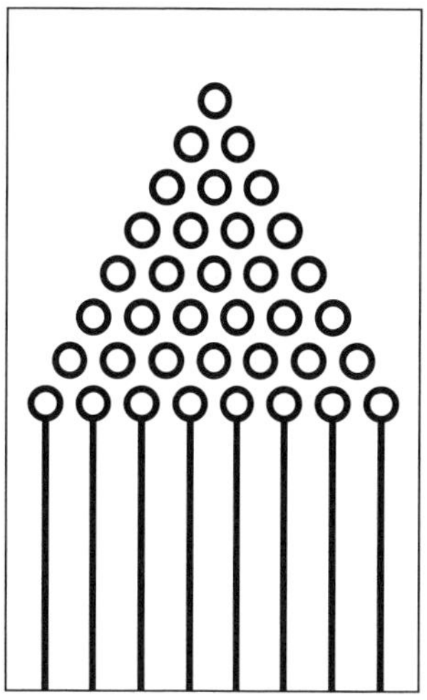

a) Eine Kugel durchläuft das Galtonbrett. Die Wahrscheinlichkeit, dass sie im Behälter k (k = 0; 1; 2; …; 8) landet, lässt sich berechnen über die Formel $P(X = k) = \binom{8}{k} \cdot \left(\frac{1}{2}\right)^8$. *Erläutern Sie diese Formel.*

b) Wie ändert sich die Formel, wenn das Brett schräg gestellt wird, sodass die Kugel dreimal so häufig nach links wie nach rechts fällt? Gib die veränderte Formel an.

c) Wie groß ist die Wahrscheinlichkeit dafür, dass die Kugel bei gerade stehendem Brett im 5. Behälter landet?

Lösungen

SCHNITTPUNKTE, TANGENTEN UND NORMALEN

AUFGABE 1

a) $f'(x) = 2\cos(x^2) - 4x^2 \sin(x^2)$

b) $f'(x) = \frac{\sqrt{1-x^2} \cdot \cos(x) - x \cdot \sin(x)}{\sqrt{1-x^2}}$

c) $f'(x) = \frac{-3x-7}{(x+1)^3}$

AUFGABE 2

Zum Ermitteln eines Berührpunktes $(x_0|y_0)$ muss man die Gleichung $1 - (3x_0 + 1) = 3(1 - x_0)$ lösen, die jedoch auf $0 = 3$ führt, also unlösbar ist.
In diesem Fall gibt es also keine Tangente mit der gewünschten Eigenschaft.
Alternativ kann man sich auch überlegen, dass die Funktion k(x) eine Gerade darstellt, der Punkt (1|1) aber nicht auf dieser Geraden liegt. Da die einzige Tangente an eine Gerade aber die Gerade selbst ist, kann dieses Problem nicht lösbar sein.

AUFGABE 3

a) Die Ableitung der Funktion ist $f'(x) = 9x^2 - 2x$, also ist $f'(1) = 7$. Die Normale an dieser Stelle muss also die Steigung $-\frac{1}{7}$ haben. Die Gerade durch die beiden angegebenen Punkte hat aber die Steigung $m = \frac{-1-2}{3-(-1)} = -\frac{3}{4}$, ist also keine Normale.

b) Eine waagerechte Tangente hat die Funktion genau dann, wenn ihre Ableitung gleich null ist. Es ist also die Gleichung $x_0^2 - a^2 = 0$ zu lösen. Diese hat die Lösungen $x_0 = \pm a$, eine eindeutige Lösung liegt also genau dann vor, wenn $a = 0$ ist. In diesem Fall lautet die Tangentengleichung $t(x) = 1$.

KURVENDISKUSSION

AUFGABE 1

Anwenden der 3. binomischen Formel im Nenner ergibt: $f(x) = \frac{x-1}{x^2-1} = \frac{x-1}{(x-1)(x+1)}$. Der Nenner hat die Nullstellen $x_1 = 1$ und $x_2 = -1$, der Zähler hat die Nullstelle $x = +1$. Nach Kürzen des Funktionsterms ist: $f(x) = \frac{1}{x+1}$.
$x_2 = -1$ ist auch eine Definitionslücke des gekürzten Funktionsterms $\Rightarrow x_2 = -1$ ist eine Polstelle, $x_1 = +1$ ist eine hebbare Definitionslücke.

AUFGABE 2

a) Es ist $f'(x) = 3x^2$, $f''(x) = 6x$ und $f'''(x) = 6$.
Somit gilt $f'(0) = f''(0) = 0$ und $f'''(0) > 0$, in der Terminologie des Satzes ist also $x_0 = 0$ und $n = 3$. Da dies eine ungerade Zahl ist, folgt, dass 0 keine Extremstelle ist. Da aber 0 der einzige „Kandidat" war, hat die Funktion $f(x) = x^3$ gar keine Extremstellen.

b) Hier sind $f'(x) = 4x^3$, $f''(x) = 12x^2$, $f'''(x) = 24x$ und $f^{(4)}(x) = 24$. In der Terminologie des Satzes ist also $x_0 = 0$ und $n = 4$. Da dies eine gerade Zahl ist und $f^{(4)}(x) > 0$, ist $x_0 = 0$ eine Minimalstelle der Funktion.

AUFGABE 3

a) Es ist $f'_k(x) = 2x + k$. Die einzige Nullstelle der ersten Ableitung liegt also bei $x_0 = -\frac{k}{2}$. Da $f_k'' = 2$ positiv ist, handelt es sich um eine Minimalstelle. Der zugehörige Funktionswert ist:
$f_k(x_0) = \frac{k^2}{4} - \frac{k^2}{2} + 2 = -\frac{k^2}{4} + 2.$

b) Auflösen der x-Koordinate nach k liefert:
$k = -2x_0$.
Setzt man dies in den Funktionswert $f_k(x_0)$ ein, ergibt sich
$-\frac{(-2x_0)^2}{4} + 2 = -x_0^2 + 2.$
Die gesuchte Ortskurve der Minima lautet also $y = -x^2 + 2$:

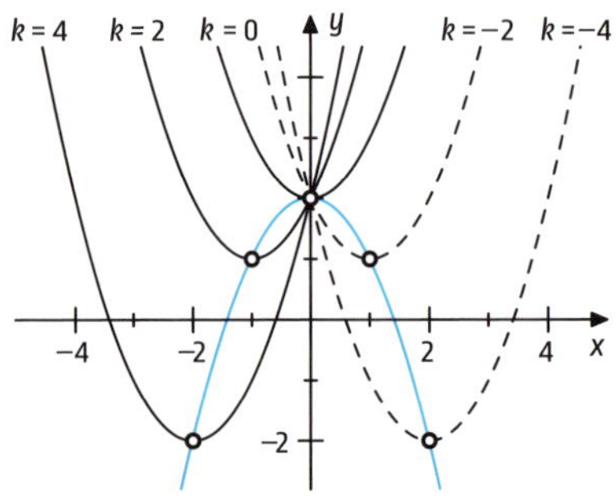

AUFGABE 4

Die Ableitungen der Funktion f_k lauten:
$f'_k(x) = 3x^2 + 6x + 3k$;
$f''_k(x) = 6x + 6$;
$f'''_k(x) = 6$.
Daraus ergibt sich Folgendes:

a) Die einzige Nullstelle der zweiten Ableitung liegt bei $x_0 = -1$. Da $f_k'''(x) = 6 \neq 0$ ist, ist dies eine Wendestelle von f_k. Der Funktionswert an dieser Stelle lautet: $f_k(-1) = -1 + 3 - 3k - 2$. Somit lautet die Antwort: Die Funktion f_k hat für jeden Wert des Parameters k genau einen Wendepunkt, dieser lautet (−1|−3k).

b) Einsetzen der Wendestelle $x_0 = -1$ in die erste Ableitung ergibt $f_k'(-1) = -3 + 3k$. Der Wendepunkt ist also genau dann ein Sattelpunkt, wenn k = 1 ist.

AUFGABE 5

Polynomdivision ergibt:
$f(x) = \frac{1}{4}x - \frac{5}{4} + \frac{16}{4x+12}$
Für $x \to \pm\infty$ geht der Bruchterm $\frac{16}{4x+12}$ gegen 0.
Die schräge Asymptote von f(x) ist also:
$y = \frac{1}{4}x - \frac{5}{4}$.

AUFGABE 6

Verhalten im Unendlichen:
Für das Verhalten für $x \to +\infty$ ist der Exponentialterm maßgebend, der gegen null strebt, es gilt $\lim_{x \to +\infty} f(x) = 0$. Für $x \to -\infty$ gilt $\lim_{x \to -\infty} f(x) = -\infty$, da das negative Vorzeichen des Potenzterms den Ausschlag gibt.

Symmetrieverhalten:
Da $f(-x) = -x^3 \cdot e^x$ nicht mit f(x) und −f(x) übereinstimmt, ist die Funktion f nicht symmetrisch.

Achsenschnittpunkte
Mit f(0) = 0 liegt der Schnittpunkt mit der y-Achse bei (0|0). Dies ist gleichzeitig auch ein Schnittpunkt mit der x-Achse. f(x) = 0 liefert keine weiteren Schnittpunkte mit der x-Achse.

Extrempunkte
Aus der ersten Ableitung
$f'(x) = (3x^2 - x^3) \cdot e^{-x} = (3 - x) \cdot x^2 \cdot e^{-x}$
lassen sich die Nullstellen direkt ablesen:
$x_1 = 0$ und $x_2 = 3$.
Die Untersuchung auf einen Wechsel der Vorzeichen von f' ergibt für $x_1 = 0$:
$f'(-1) \approx 4 \cdot 1 \cdot 0{,}37 \approx 1{,}47 > 0$ und
$f'(1) \approx 2 \cdot 1 \cdot 2{,}72 \approx 5{,}44 > 0$, also kein Vorzeichenwechsel, d. h., es liegt dort ein Sattelpunkt STP vor.
Für $x_2 = 3$ wird ermittelt:
$f'(1) \approx 2 \cdot 1 \cdot 2{,}72 \approx 5{,}44 > 0$ und
$f'(4) \approx (-1) \cdot 16 \cdot 0{,}02 \approx -0{,}32 < 0$,
der Vorzeichenwechsel von plus zu minus weist einen Hochpunkt HP aus.
Ergebnisse mit y-Koordinaten als Punkte:
STP (0|0) und HP (3|1,34).

Monotonieverhalten
Die bereits ermittelten Nullstellen der ersten Ableitung ergeben drei zu untersuchende Bereiche: den Bereich x < 0, den von 0 < x < 3 und den von x > 3.
Man kann die Zwischenergebnisse aus der vorherigen Teilaufgabe nehmen:
Für x < 0 nimmt man $f'(-1) \approx 1{,}47 > 0$, d. h., in diesem Bereich ist f streng monoton steigend.
Für 0 < x < 3 nimmt man $f'(1) \approx 5{,}44 > 0$, d. h., in diesem Bereich ist f ebenfalls streng monoton steigend.
Für x > 3 nimmt man $f'(4) \approx -0{,}32 < 0$, d. h., in diesem Bereich ist f streng monoton fallend.

Wendepunkte
Der in der Teilaufgabe „Extrempunkte" ermittelte Sattelpunkt ist als Wendepunkt hinreichend genau nachgewiesen. Zur Ermittlung weiterer Wendepunkte WP sieht man sich die zweite Ableitung $f''(x) = x \cdot (x^2 - 6x + 6) \cdot e^{-x}$ an.
Hinter dem ausgeklammerten x verbirgt sich der Sattelpunkt, weshalb nur noch der Klammerausdruck untersucht werden muss.
$x^2 - 6x + 6 = 0$ liefert $x_2 = 3 - \sqrt{3} = 1{,}2679$ und
$x_1 = 3 + \sqrt{3} = 4{,}7321$.
Die hinreichende Bedingung wird mittels Teststellen an f'' geprüft.
Für x_2 nimmt man z. B.:
$f''(1) = 1 \cdot (1^2 - 6 \cdot 1 + 6) \cdot e^{-1} \approx 0{,}36 > 0$ und
$f''(2) = 2 \cdot (2^2 - 6 \cdot 2 + 6) \cdot e^{-2} \approx -0{,}54 < 0$,
daraus folgt, dass die Krümmung von links zu rechts wechselt.
Für x_3 nimmt man z. B. $f''(2) \approx -0{,}54 < 0$ und
$f''(5) = 5 \cdot (52 - 6 \cdot 5 + 6) \cdot e^{-5} \approx 0{,}03 > 0$,
daraus folgt, dass die Krümmung von rechts zu links wechselt.
Als Punkte ergeben sich STP (0|0), WP_1 (1,27|0,57) und WP_2 (4,73|0,93).

Skizze: Graph der Funktion f

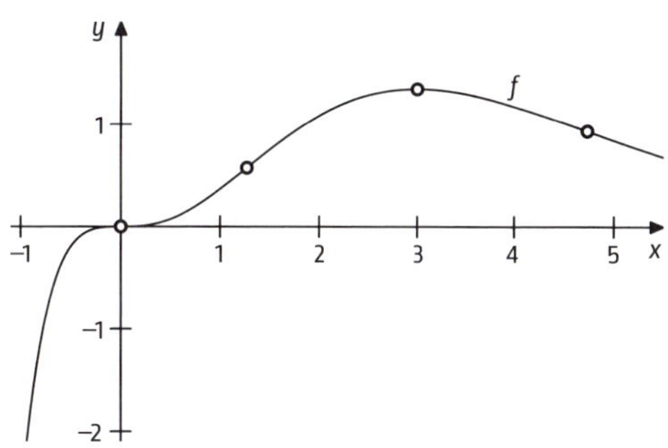

FUNKTIONSGLEICHUNGEN ERMITTELN

AUFGABE 1

a) f'(0) = 3

b) Eine waagerechte Tangente an einem Punkt des Graphen ist gleichbedeutend mit der Steigung 0 in diesem Punkt: f'(0) = 0.

AUFGABE 2

Die beiden ersten Ableitungen der Funktion r sind:
$r'(x) = \frac{-2bx + 2a}{(x - b)^3}$
und

$r''(x) = \frac{2b^2 + 4bx - 6a}{(x - b)^4}$.

Einsetzen der beiden Bedingungen liefert die Gleichungen: $\frac{-8b + 2a}{(4 - b)^3} = 0$ und $\frac{2b^2 + 20b - 6a}{(5 - b)^4} = 0$.

Da die beiden Zähler null werden müssen, ergibt sich das Gleichungssystem:

$2a - 8b = 0$

$b^2 + 10b - 3a = 0$

mit den Nebenbedingungen $b \neq 4$ und $b \neq 5$.

Aus der ersten Gleichung folgt $a = 4b$. Setzt man dies in die zweite Gleichung ein, ergibt sich die quadratische Gleichung $b^2 - 2b = 0$ mit den beiden Lösungen $b_1 = 0$ und $b_2 = 2$.

Nun muss man noch auf Scheinlösungen überprüfen: Einsetzen von $b_1 = 0$, also $a = 0$, liefert die Funktion: $r(x) = \frac{x^2}{x^2}$ für $x \neq 0$, diese erfüllt die gestellten Bedingungen offenbar nicht. Die einzige Lösung ist somit $r(x) = \frac{x^2 - 8}{(x - 2)^2}$.

OPTIMIERUNG MIT NEBENBEDINGUNGEN

AUFGABE 1

Zunächst bestimmt man die lokalen Extrema.

Es ist $g'(x) = 4x^3 - 4x$ und $g''(x) = 12x^2 - 4$.

Die erste Ableitung hat die drei Nullstellen $x_0 = 0$, $x_1 = 1$ und $x_2 = -1$. Wegen $g''(0) = -4 < 0$ liegt an der Stelle $x_0 = 0$ ein lokales Maximum vor und wegen $g''(-1) = g''(1) = 8 > 0$ an den beiden Stellen x_1 und x_2 lokale Minima.

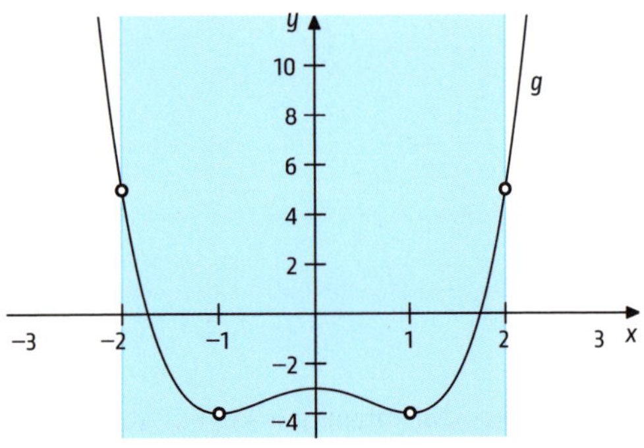

Die Berechnung der Funktionswerte ergibt $g(0) = -3$ und $g(-1) = g(1) = -4$, die Werte am Rand des Intervalls sind $g(-2) = g(2) = 5$. Somit wird das globale Maximum mit dem Wert 5 an beiden Randpunkten angenommen, während das globale Minimum -4 an den beiden Stellen -1 und $+1$ angenommen wird.

AUFGABE 2

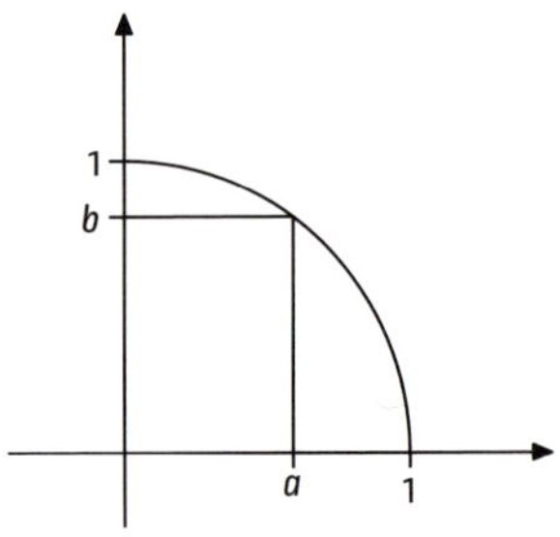

Legt man den Mittelpunkt der Scheibe auf den Nullpunkt des Koordinatensystems, so hat sie mit den eingetragenen Bezeichnungen den Flächeninhalt $F = 2a \cdot 2b = 4ab$. Da der Eckpunkt auf dem Rand des Kreises liegen muss, gilt:

$a^2 + b^2 = 1$, also $a = \sqrt{1 - b^2}$. Dies ist die Nebenbedingung, die man in die Flächenformel einsetzen muss. Es ergibt sich die Zielfunktion:

$F(b) = 4b \cdot \sqrt{1 - b^2}$.

Die Ränder des zulässigen Bereiches sind $b = 0$ und $b = 1$, beide liefern $F(b) = 0$, somit kommen sie als Maximalwerte nicht infrage.

Die Ableitung der Zielfunktion ist

$F'(b) = 4 \cdot \left(\sqrt{1 - b^2} - \frac{b^2}{\sqrt{1 - b^2}}\right)$.

Setzt man diesen Ausdruck gleich null und formt um, erhält man: $4 \cdot (1 - 2b^2) = 0$

mit der einzigen positiven Lösung: $b_0 = \frac{1}{\sqrt{2}}$.

Die zweite Ableitung von F(b) ist für diesen Wert negativ (nachrechnen!), sodass es sich um ein lokales Maximum handelt, das wegen des Ausscheidens der Randwerte auch das globale ist. Der zugehörige Wert von a ist:

$a_0 = \sqrt{1 - b_0^2} = \frac{1}{\sqrt{2}}$.

Das optimale Rechteck ist also ein Quadrat mit der Seitenlänge $\frac{1}{\sqrt{2}}$.

INTEGRALRECHNUNG UND IHRE ANWENUNGEN

AUFGABE 1

Um Schreibarbeit zu sparen, wird zunächst das unbestimmte Integral ermittelt. Man setzt $u(x) = x^2$ und $v'(x) = e^x$, also ist $u'(x) = 2x$ und $v(x) = e^x$. Die Formel der partiellen Integration liefert dann:

$\int x^2 \cdot e^x \,dx = x^2 \cdot e^x - \int 2x \cdot e^x \,dx$.

Auf das verbliebene Integral muss man nochmals partielle Integration anwenden, diesmal ist $u(x) = 2x$ und $v'(x) = e^x$, also $u'(x) = 2$ und $v(x) = e^x$. Dies ergibt insgesamt

$\int x^2 \cdot e^x \,dx = x^2 \cdot e^x - \left(2x \cdot e^x - \int 2 \cdot e^x \,dx\right)$

$= x^2 \cdot e^x - 2x \cdot e^x + 2 \cdot e^x$.

Durch Einsetzen der Integrationsgrenzen erhält man: $\int x^2 \cdot e^x\,dx = e - 2e + 2e - (0 + 0 + 2)$
$= e - 2 \approx 0{,}718$

AUFGABE 2

Der Ansatz ist:
$\frac{6x^2 - x + 1}{x \cdot (x-1) \cdot (x+1)} = \frac{A}{x} + \frac{B}{x-1} + \frac{C}{x+1}$

Multiplizieren mit dem Hauptnenner $x \cdot (x-1) \cdot (x+1)$ ergibt die Gleichung:
$6x^2 - x + 1$
$= A(x-1)(x+1) + Bx(x+1) + Cx(x-1)$.
Umformen und Koeffizientenvergleich liefert:
$A = -1$, $C = 4$, $B = 3$. Die Partialbruchzerlegung lautet also:
$\frac{6x^2 - x + 1}{x \cdot (x-1) \cdot (x+1)} = -\frac{1}{x} + \frac{3}{x-1} + \frac{4}{x+1}$.
Diese kann man leicht integrieren:
$\int \frac{6x^2 - x + 1}{x \cdot (x-1) \cdot (x+1)}\,dx$
$= -\ln|x| + 3\ln|x-1| + 4\ln|x+1| + C$.

AUFGABE 3

a) Eine Stammfunktion ist beispielsweise:
$F(x) = \frac{1}{3}x^3$. Ist nur nach einer Stammfunktion gefragt, kann man die Integrationskonstante beliebig wählen, also auch 0.
b) Das unbestimmte Integral ist die Menge aller Stammfunktionen, die Konstante muss also berücksichtigt werden: $F(x) = \frac{1}{3}x^3 + C$.
c) Die Stammfunktion wurde schon in Aufgabe a) und b) bestimmt. Das bestimmte Integral berechnet sich damit zu:
$F(1) - F(-1) = \left[\frac{1}{3}1^3 + C\right] - \left[\frac{1}{3}(-1)^3 + C\right]$
$= \frac{1}{3} + C + \frac{1}{3} - C = \frac{2}{3}$.

AUFGABE 4

Für jedes $b > 0$ ist:
$\int_0^b e^{-x}\,dx = [-e^{-x}]_0^b = -e^{-b} + 1$
Daher ist:
$\int_0^\infty e^{-x}\,dx = \lim_{b \to \infty} (-e^{-b} + 1) = 1$.

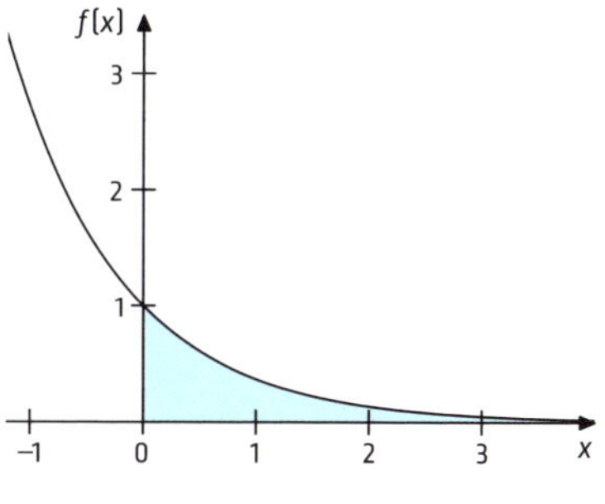

AUFGABE 5

a) Zunächst muss man die Schnittpunkte der beiden Funktionen durch Gleichsetzen der Funktionsterme bestimmen:
$\frac{1}{3}x^3 - \frac{4}{3}x = \frac{1}{3}x^2 + \frac{2}{3}x$; also $x^3 - x^2 - 6x = 0$:
Diese Gleichung hat offenbar die Lösung $x_1 = 0$, dividiert man diese ab, verbleibt eine quadratische Gleichung mit den beiden Lösungen $x_2 = -2$ und $x_3 = 3$.
Die Gesamtfläche setzt sich also aus zwei Teilflächen A_1 und A_2 zusammen, die erste ist durch Integration der Differenzfunktion zwischen −2 und 0, die zweite zwischen 0 und 3 zu berechnen.
Zweckmäßigerweise berechnet man zunächst die Stammfunktion dieser Differenzfunktion:
$\int \frac{1}{3}x^3 - \frac{1}{3}x^2 - 2x\,dx = \frac{1}{12}x^4 - \frac{1}{9}x^3 - x^2$.
Also ist:
$A_1 = \left|\int_{-2}^{0} \left(\frac{1}{3}x^3 - \frac{1}{3}x^2 - 2x\right)dx\right|$
$= \left|\left[\frac{1}{12}x^4 - \frac{1}{9}x^3 - x^2\right]_{-2}^{0}\right| = \frac{16}{9}$
$A_2 = \left|\int_{0}^{3}\left(\frac{1}{3}x^3 - \frac{1}{3}x^2 - 2x\right)dx\right| = \frac{21}{4}$
Die gesuchte Gesamtfläche ist also:
$A = A_1 + A_2 = \frac{253}{36}$.

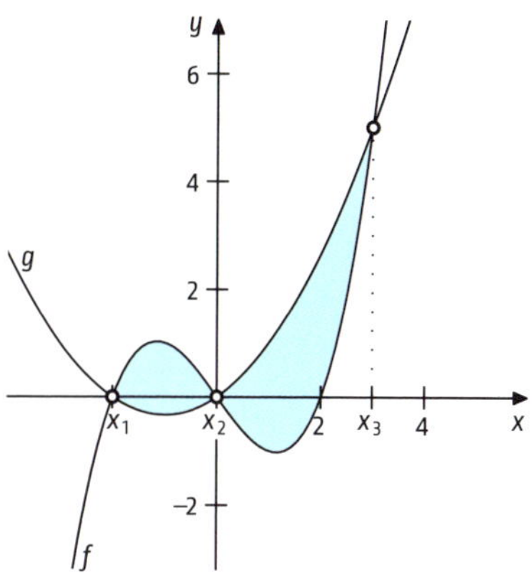

b) Da F(x) eine Stammfunktion von f(x) ist, gilt $F'(x) = f(x)$, also ist:
$(F'(x))^2 = (f(x))^2 = e^{2x} - 1$
Die Formel liefert: $L = \int_0^1 \sqrt{1 + (F'(x))^2}\,dx$
$= \int_0^1 \sqrt{1 + (e^{2x} - 1)}\,dx$
$= \int_0^1 \sqrt{e^{2x}}\,dx = \int_0^1 e^x\,dx = [e^x]_0^1 = e - 1$
$\approx 1{,}718$
c) Ein Kreiszylinder mit Radius r und Höhe h entsteht, wenn man die konstante Funktion $f(x) = r$ über dem Intervall $[0;h]$ um die x-Achse rotieren lässt. Das Volumen des entstehenden Rotationskörpers ist:

$$V = \pi \cdot \int_0^h r^2\,dx = \pi \cdot [r^2 \cdot x]_0^h = \pi \cdot r^2 \cdot h,$$

in Übereinstimmung mit der angegebenen elementargeometrischen Formel.

VEKTORRECHNUNG

AUFGABE 1

Linearkombination der Vektoren $\vec{c} = r \cdot \vec{a} + s \cdot \vec{b}$

führt auf: $\begin{pmatrix} \frac{9}{2} \\ 12 \\ -3 \end{pmatrix} = r \cdot \begin{pmatrix} \frac{3}{2} \\ 4 \\ -1 \end{pmatrix} + s \cdot \begin{pmatrix} -2 \\ -\frac{16}{3} \\ \frac{4}{3} \end{pmatrix}$

und damit auf das Gleichungssystem:

$\frac{3}{2}r - 2s = \frac{9}{2}$

$4r - \frac{16}{3}s = 12$

$-r + \frac{4}{3}s = -3$

$r = \frac{4}{3}s + 3$; Einsetzen in die anderen Gleichungen führt auf eine Identität $0 = 0 \Rightarrow$ es gibt unendlich viele Lösungen der Form:

$\vec{c} = \left(\frac{4}{3}s + 3\right) \cdot \vec{a} + s \cdot \vec{b}$.

Das bedeutet, alle drei Vektoren sind parallel (mit $\vec{c} = -\frac{9}{4} \cdot \vec{b}$ und $\vec{c} = 3 \cdot \vec{a}$).

AUFGABE 2

Wenn die Vektoren linear unabhängig sind, hat die Gleichung $r \cdot \vec{a} + s \cdot \vec{b} + t \cdot \vec{c} = \vec{0}$ als einzige Lösung: $(r = s = t = 0)$.

$\Rightarrow r \cdot \begin{pmatrix} 0 \\ -1 \\ 1 \end{pmatrix} + s \cdot \begin{pmatrix} 2 \\ 0 \\ 3 \end{pmatrix} + t \cdot \begin{pmatrix} -4 \\ -1 \\ -5 \end{pmatrix} = \begin{pmatrix} 0 \\ 0 \\ 0 \end{pmatrix}$

Das führt auf das Gleichungssystem:

$2s - 4t = 0$

$-r - t = 0$

$r + 3s - 5t = 0$

Das LGS hat unendlich viele Lösungen:

$r = -t;\ s = 2t$.

Zwar ist $r = s = t = 0$ eine mögliche Lösung, aber eine andere ist bspw. $r = 1;\ s = -2;\ t = -1$

$\Rightarrow \vec{a} - 2\vec{b} - \vec{c} = \vec{0}$.

Damit sind die Vektoren nicht linear unabhängig, sondern linear abhängig.

AUFGABE 3

Wenn die Vektoren orthogonal zueinander sind, ist das Skalarprodukt zwischen ihnen gleich 0:

$\vec{a} \cdot \vec{b} = 4 \cdot 2 + (-1) \cdot b_2 + 5 \cdot (-3) = -7 - b_2 = 0$

$\Rightarrow b_2 = -7$.

AUFGABE 4

Es muss gelten: $\vec{n} \cdot \vec{a} = n_1 + 2n_2 + 3n_3 = 0$ und $\vec{n} \cdot \vec{b} = 5n_1 + 4n_2 + 3n_3 = 0$: Da für die drei Unbekannten zwei Gleichungen vorliegen, kann eine der unbekannten Koordinaten frei gewählt werden, bspw. $n_1 = t$.

Die Lösung dieses LGS für die Variablen n_1, n_2, n_3 lautet dann: $L = \{(t; -2t; t)\}$, d. h., alle Vektoren mit der Richtung $\begin{pmatrix} 1 \\ -2 \\ 1 \end{pmatrix}$ sind Normalenvektoren zu $\vec{a}$ und $\vec{b}$.

AUFGABE 5

Ergebnis der Spiegelung an der xz-Achse (P'):

$\begin{pmatrix} x' \\ y' \\ z' \end{pmatrix} = \begin{pmatrix} 1 & 0 & 0 \\ 0 & -1 & 0 \\ 0 & 0 & 1 \end{pmatrix} \cdot \begin{pmatrix} 3 \\ 2 \\ 3 \end{pmatrix} = \begin{pmatrix} 3 \\ -2 \\ 3 \end{pmatrix}$

Ergebnis der Spiegelung am Ursprung (P'):

$\begin{pmatrix} x'' \\ y'' \\ z'' \end{pmatrix} = \begin{pmatrix} -1 & 0 & 0 \\ 0 & -1 & 0 \\ 0 & 0 & -1 \end{pmatrix} \cdot \begin{pmatrix} 3 \\ -2 \\ 3 \end{pmatrix} = \begin{pmatrix} -3 \\ 2 \\ -3 \end{pmatrix}$

AUFGABE 6

Man bildet die Vektorkette:

$\overrightarrow{AS} + \overrightarrow{SQ} + \overrightarrow{QD} + \overrightarrow{DA} = \vec{0}$.

Man setzt: $\overrightarrow{AS} = u \cdot \overrightarrow{AC} = u \cdot \left(\overrightarrow{AB} + \overrightarrow{BC}\right)$

und $\overrightarrow{SQ} = v \cdot \overrightarrow{BQ} = v \cdot \left(\overrightarrow{BC} + \frac{1}{2}\overrightarrow{CD}\right) = v \cdot \left(\overrightarrow{BC} - \frac{1}{2}\overrightarrow{AD}\right)$

Außerdem gilt: $\overrightarrow{QD} = -\frac{1}{2}\overrightarrow{AB}$ und $\overrightarrow{DA} = -\overrightarrow{BC}$.

Eingesetzt in die Vektorkette erhält man eine Gleichung für die linear unabhängigen Vektoren $\overrightarrow{AB}$ und $\overrightarrow{BC}$:

$u \cdot \left(\overrightarrow{AB} + \overrightarrow{BC}\right) + v \cdot \left(\overrightarrow{BC} - \frac{1}{2}\overrightarrow{AB}\right) - \frac{1}{2}\overrightarrow{AB} - \overrightarrow{BC} = \vec{0}$, die nur lösbar ist für $u = \frac{2}{3}$ und $v = \frac{1}{3}$. Man erhält also Teilverhältnisse $\overline{AS} : \overline{SC} = 2 : 1$ und $\overline{SQ} : \overline{BS} = 1 : 2$.

LAGEBEZIEHUNGEN VON GERADEN UND EBENEN

AUFGABE 1

Als Stützvektor wählt man den Ortsvektor zu einem der Punkte, bspw. $\overrightarrow{OP} = \begin{pmatrix} 2 \\ 2 \\ 1 \end{pmatrix}$. Als Richtungsvektor ergibt sich der Differenzvektor der Ortsvektoren

$\overrightarrow{OQ} - \overrightarrow{OP} = \begin{pmatrix} 3 \\ 0 \\ -1 \end{pmatrix} - \begin{pmatrix} 2 \\ 2 \\ 1 \end{pmatrix} = \begin{pmatrix} 1 \\ -2 \\ -2 \end{pmatrix}$.

Die Parametergleichung ergibt sich dann zu:

$\vec{x} = \begin{pmatrix} 2 \\ 2 \\ 1 \end{pmatrix} + t \cdot \begin{pmatrix} 1 \\ -2 \\ -2 \end{pmatrix}$.

AUFGABE 2

Gleichsetzen der Geradengleichungen führt auf die Gleichungssysteme:

a) $-2 + 6s = 14 + 4t$

$-1 - 4s = -7$

$7 + 5s = 6 + 2t$

Das LGS hat keine Lösung, die Geraden sind also entweder windschief oder parallel. Parallel sind die Geraden, wenn ihre Richtungsvektoren linear abhängig sind, wenn es also ein r gibt mit:

$\begin{pmatrix} 6 \\ -4 \\ 5 \end{pmatrix} = r \cdot \begin{pmatrix} 4 \\ 0 \\ 2 \end{pmatrix}$.

Das LGS lautet:

$6 = 4r$
$-4 = 0$
$5 = 2r$

Es hat keine Lösung, die Richtungsvektoren sind also linear unabhängig und die Geraden folglich windschief zueinander.

b) $3 + s = 6 - t$
$4 + 2s = 10 - 2t$
$-7 - s = -10 + t$

Das LGS hat unendlich viele Lösungen, die Geraden sind daher identisch.

AUFGABE 3

Multipliziert man den Richtungsvektor von g mit (−2), erhält man den Richtungsvektor von h. Beide sind also linear abhängig.
Der Stützvektor von g ist Ortsvektor des Punktes P(0,5|0,4|1). Es ist also zu prüfen, ob P auf h liegt:

$\begin{pmatrix} 0{,}5 \\ 0{,}4 \\ 1 \end{pmatrix} = \begin{pmatrix} 0{,}5 \\ -0{,}6 \\ 4 \end{pmatrix} + t \cdot \begin{pmatrix} 0 \\ 2 \\ -6 \end{pmatrix}$.

$0{,}5 = 0{,}5$
$0{,}4 = -0{,}6 + 2t$
$1 = 4 - 6t$
$\Rightarrow t = 0{,}5$

Für $t = 0{,}5$ ergibt sich aus der Geradengleichung von h der Punkt P; P liegt auf h.

Probe: $\begin{pmatrix} 0{,}5 \\ -0{,}6 \\ 4 \end{pmatrix} + 0{,}5 \cdot \begin{pmatrix} 0 \\ 2 \\ -6 \end{pmatrix} = \begin{pmatrix} 0{,}5 \\ 0{,}4 \\ 1 \end{pmatrix}$.

AUFGABE 4

Stützvektor ist der Stützvektor $\vec{p}$ von g, die Spannvektoren sind der Richtungsvektor von g und der Vektor $\overrightarrow{PQ}$, wobei P der Punkt mit dem Ortsvektor $\vec{p}$ ist:

$\vec{x} = \begin{pmatrix} 3 \\ 5 \\ 6 \end{pmatrix} + s \cdot \begin{pmatrix} -1 \\ 0 \\ 2 \end{pmatrix} + t \cdot \begin{pmatrix} 1 \\ -3 \\ -9 \end{pmatrix}$.

AUFGABE 5

a) Durch Gleichsetzen von Geraden- und Ebenengleichung ergibt sich das LGS:

$1 + 2t = 5 + 6r + 2s$
$3 - 7t = -2 - r + 3s$
$7t = 1 + 3r - 2s$

Das LGS hat keine Lösung, die Gerade verläuft parallel zur Ebene.

b) Durch Gleichsetzen von Geraden- und Ebenengleichung ergibt sich das LGS:

$-t = 4 - r + s$
$-14 + t = 3 - 2r + 5s$
$2 + 8t = 5 + 3r + 2s$

Das LGS hat unendlich viele Lösungen:
$(t; r; s) = (t; 2t + 1; t - 3)$, die Gerade liegt in der Ebene.

AUFGABE 6

E: $\left[\vec{x} - \begin{pmatrix} 4 \\ 2 \\ 3 \end{pmatrix}\right] \cdot \begin{pmatrix} 1 \\ 2 \\ -2 \end{pmatrix} = 0 \Rightarrow \left[\begin{pmatrix} x_1 \\ x_2 \\ x_3 \end{pmatrix} - \begin{pmatrix} 4 \\ 2 \\ 3 \end{pmatrix}\right] \cdot \begin{pmatrix} 1 \\ 2 \\ -2 \end{pmatrix}$

$= (x_1 - 4) \cdot 1 + (x_2 - 2) \cdot 2 + (x_3 - 3) \cdot (-2)$
$\Rightarrow x_1 + 2x_2 - 2x_3 - 2 = 0$

Man wählt bspw.:
$x_2 = \lambda;\ x_3 = \mu \Rightarrow x_1 = -2\lambda + 2\mu + 2$

Einsetzen in die Ebenengleichung liefert:

$\vec{x} = \begin{pmatrix} x_1 \\ x_2 \\ x_3 \end{pmatrix} = \begin{pmatrix} -2\lambda + 2\mu + 2 \\ \lambda \\ \mu \end{pmatrix}$

$= \begin{pmatrix} 2 \\ 0 \\ 0 \end{pmatrix} + \lambda \cdot \begin{pmatrix} -2 \\ 1 \\ 0 \end{pmatrix} + \mu \cdot \begin{pmatrix} 2 \\ 0 \\ 1 \end{pmatrix}$.

AUFGABE 7

a) Die Lösung des Gleichungssystems:

$x_1 - 3x_2 = 5$
$9x_2 + x_3 = -16$

führt mit $x_2 = \lambda$ auf die Schnittgerade:

g: $\vec{x} = \begin{pmatrix} 5 \\ 0 \\ -16 \end{pmatrix} + \lambda \cdot \begin{pmatrix} 3 \\ 1 \\ -9 \end{pmatrix}$

b) Das LGS hat keine Lösung, E_1 und E_2 sind echt parallel.

AUFGABE 8

Aus der gegebenen Normalenform entsteht die hessesche Normalenform durch Division durch den Betrag des Normalenvektors:

$\left|\begin{pmatrix} 1 \\ 2 \\ -1 \end{pmatrix}\right| = \sqrt{1 + 4 + 1} = \sqrt{6} \Rightarrow E: \left[\vec{x} - \begin{pmatrix} 4 \\ 1 \\ 3 \end{pmatrix}\right] \cdot \frac{1}{\sqrt{6}} \begin{pmatrix} 1 \\ 2 \\ -1 \end{pmatrix} = 0.$

Um den Abstand von M zur Ebene zu berechnen, setzt man dessen Ortsvektor $\vec{m}$ in die Ebenengleichung ein:

$d(M,E) = \left|\left[\begin{pmatrix} 2 \\ 1 \\ -5 \end{pmatrix} - \begin{pmatrix} 4 \\ 1 \\ 3 \end{pmatrix}\right] \cdot \frac{1}{\sqrt{6}} \begin{pmatrix} 1 \\ 2 \\ -1 \end{pmatrix}\right|$.

Berechnen ergibt:
$d(M,E) = \frac{6}{\sqrt{6}} = \sqrt{6} \approx 2{,}45 < r = 3.$

Der Abstand zwischen Kugelmittelpunkt und Ebene ist kleiner als der Kugelradius, d. h., die Ebene schneidet die Kugel.
Wenn eine Ebene eine Kugel schneidet, entsteht ein Schnittkreis. Dessen Radius errechnet sich mit der Formel: $r' = \sqrt{r^2 - d(M,E)^2} \Rightarrow r' = \sqrt{3}$.

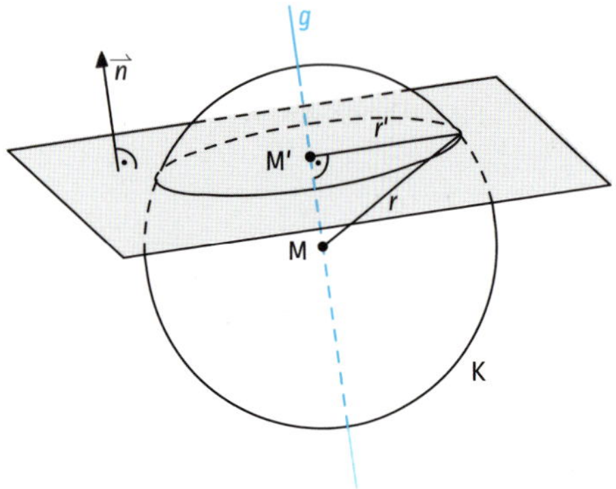

Der Mittelpunkt M' des Schnittkreises ist der Fußpunkt des Lotes von M auf die Ebene E. Der Normalenvektor der Ebene ist Richtungsvektor der Lotgeraden l; ihr Stützvektor ist der Ortsvektor zum Kugelmittelpunkt M:

$l: \vec{x} = \begin{pmatrix} 2 \\ 1 \\ -5 \end{pmatrix} + t \cdot \begin{pmatrix} 1 \\ 2 \\ -1 \end{pmatrix}.$

Der Mittelpunkt des Schnittkreises ergibt sich als Schnittpunkt von Lotgerade und Ebene. Man wandelt also die Ebenengleichung in die Parameterform um, setzt die Gleichungen von Ebene und Lotgerade gleich und ermittelt die Parameter, für die sich der Schnittpunkt ergibt.

$E: \left[\begin{pmatrix} x_1 \\ x_2 \\ x_3 \end{pmatrix} - \begin{pmatrix} 4 \\ 1 \\ 3 \end{pmatrix}\right] \cdot \begin{pmatrix} 1 \\ 2 \\ -1 \end{pmatrix} = x_1 + 2x_2 - x_3 - 3$

Setze: $x_2 = \lambda$, $x_3 = \mu \Rightarrow x_1 = -2\lambda + \mu + 3$

$\Rightarrow$ Ebene in Parameterform:

$E: \vec{x} = \begin{pmatrix} 3 \\ 0 \\ 0 \end{pmatrix} + \lambda \cdot \begin{pmatrix} -2 \\ 1 \\ 0 \end{pmatrix} + \mu \cdot \begin{pmatrix} 1 \\ 0 \\ 1 \end{pmatrix}$

Gleichsetzen von Geraden- und Ebenengleichung führt auf das LGS:

$$3 - 2\lambda + \mu = 2 + t$$
$$\lambda = 1 + 2t$$
$$\mu = -5 - t$$

$\Rightarrow t = -1, \lambda = -1, \mu = -4,$

womit sich der Schnittpunkt zwischen Lotgerade und Ebene und damit der Mittelpunkt des Schnittkreises ergibt zu: (1|−1|−4).

AUFGABE 9

a) $p_z = -2$, also P(24|−36|−2)

b) Gesucht ist F: $2x + y - 2z = d$. Man setzt die Koordinaten von R ein und erhält $d = -38$.

c) g hat die Parametergleichung:

$g: \vec{x} = \begin{pmatrix} 24 \\ -36 \\ -2 \end{pmatrix} + t \cdot \begin{pmatrix} -4 \\ 5 \\ 7 \end{pmatrix}.$

Ein Normalenvektor von E ist gegeben durch

$\vec{n} = \begin{pmatrix} 2 \\ 1 \\ -2 \end{pmatrix}.$

Für den Winkel α zwischen $\vec{n}$ und der Geraden gilt: $\cos\alpha = \frac{|\vec{v} \cdot \vec{n}|}{|\vec{v}| \cdot |\vec{n}|}$, wobei $\vec{v}$ der Richtungsvektor von g ist: $\cos\alpha \approx 0{,}5973 \Rightarrow \alpha \approx 53{,}32°$.

d) Der Mittelpunkt der gesuchten Kugel liegt auf der Lotgeraden l zu F durch den Punkt R, die gegeben ist durch

$l: \vec{x} = \begin{pmatrix} 0 \\ -12 \\ 13 \end{pmatrix} + t \cdot \vec{n} = \begin{pmatrix} 0 \\ -12 \\ 13 \end{pmatrix} + t \cdot \begin{pmatrix} -2 \\ -1 \\ 2 \end{pmatrix}.$

Ihr Schnittpunkt S mit E ist S(12|−6|1). M halbiert den Vektor $\overrightarrow{RS} = \begin{pmatrix} 12 \\ 6 \\ -12 \end{pmatrix}$, d. h.,

$\overrightarrow{OM} = \begin{pmatrix} 0 \\ -12 \\ 13 \end{pmatrix} + \frac{1}{2} \cdot \begin{pmatrix} 12 \\ 6 \\ -12 \end{pmatrix} = \begin{pmatrix} 6 \\ -9 \\ 7 \end{pmatrix}.$

Der Radius der Kugel ist $r = \frac{1}{2}|\overrightarrow{RS}| = 9$.

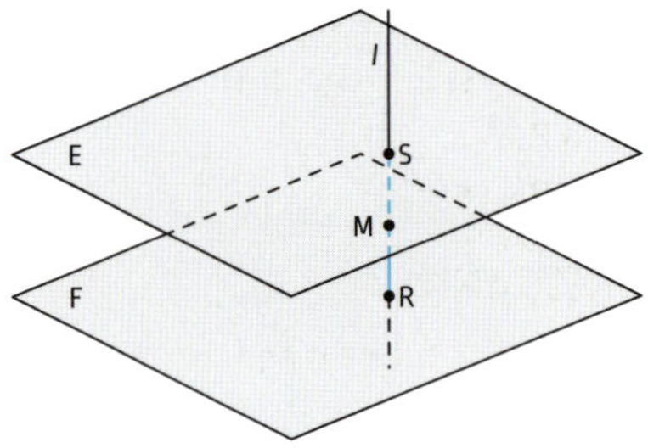

WAHRSCHEINLICHKEITEN UND ZÄHLPROBLEME

AUFGABE 1

a) „Geordnete Stichprobe ohne Zurücklegen": Einsetzen der Paramater $n = 8$ und $k = 3$ in die Formel ergibt: $\frac{8!}{(8-3)!} = \frac{8!}{5!} = 8 \cdot 7 \cdot 6 = 336$.

b) „Geordnete Stichprobe mit Zurücklegen": $n = 4$, $k = 6$, es gibt also 4^6 verschiedene sechsstellige Zahlen mit den Ziffern 2, 3, 5 und 8.

AUFGABE 2

Insgesamt sind 10 Ergebnisse möglich.

a) Die Zahlen 3, 6, 9 sind durch 3 teilbar, für dieses Ereignis gibt es also 3 Ergebnisse. Die Wahrscheinlichkeit beträgt demnach: $P(a) = \frac{3}{10}$.

b) Die Zahlen 1, 2, 3, 4, 5 sind kleiner als 6, für dieses Ereignis gibt es also 5 Ergebnisse. Die Wahrscheinlichkeit beträgt demnach: $P(b) = \frac{5}{10} = \frac{1}{2}$.

AUFGABE 3

Die beiden blau markierten Pfade sind die Pfade, bei denen drei Kugeln gezogen werden müssen, um die beiden blauen Kugeln zu entnehmen.

$P(\text{drei Kugeln ziehen}) = \frac{1}{2} \cdot \frac{2}{3} \cdot \frac{1}{2} + \frac{1}{2} \cdot \frac{2}{3} \cdot \frac{1}{2} = \frac{1}{3}$

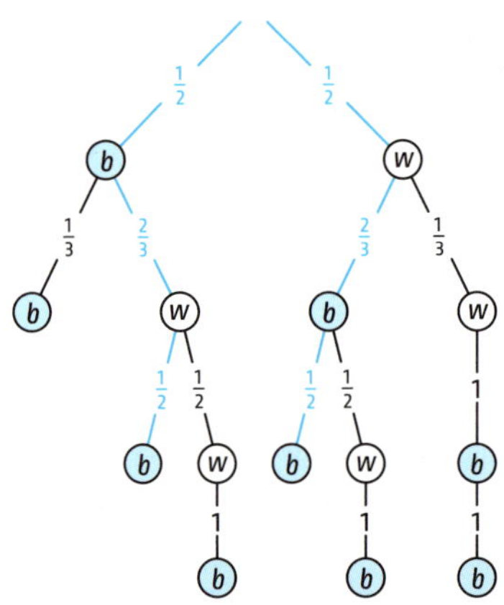

AUFGABE 4

Man definiert die folgenden Ereignisse:
A: Bauteil ist fehlerhaft, $P(A) = 0{,}1$; $P(\bar{A}) = 0{,}9$
B: Bauteil besteht Test:
$P_{\bar{A}}(B) = 0{,}97$; $P_A(\bar{B}) = 0{,}94$
(97 % der fehlerfreien Bauteile bestehen den Test; 94 % der schadhaften Bauteile bestehen den Test nicht.)
Gesucht ist die Wahrscheinlichkeit, dass ein Bauteil, das den Kontrolltest besteht, auch tatsächlich fehlerfrei ist, also $P_B(\bar{A})$.
Aus dem Satz von Bayes folgt:

$$P_B(\bar{A}) = \frac{P(\bar{A}) \cdot P_{\bar{A}}(B)}{P(\bar{A}) \cdot P_{\bar{A}}(B) + P(A) \cdot P_A(B)}$$

mit $P_A(B) = 1 - P_A(\bar{B}) = 1 - 0{,}94 = 0{,}06$.
Man erhält also

$$P_B(\bar{A}) = \frac{0{,}9 \cdot 0{,}97}{0{,}9 \cdot 0{,}97 + 0{,}1 \cdot 0{,}06} \approx 0{,}9932.$$

Der Test ist also ausreichend, um sicherzustellen, dass 99 % der ausgelieferten Bauteile fehlerfrei sind.

AUFGABE 5

Man definiert folgende Ereignisse:
A: älter als 50 Jahre, $P(A) = 0{,}4$; $P(\bar{A}) = 0{,}6$;
B: männlich; $P_A(B) = 0{,}06$; $P_{\bar{A}}(B) = 0{,}7$
Dann gilt: $P(A \cap B) = P(A) \cdot P_A(B) = 0{,}4 \cdot 0{,}6 = 0{,}24$ und $P(\bar{A} \cap B) = P(\bar{A}) \cdot P_{\bar{A}}(B) = 0{,}6 \cdot 0{,}7 = 0{,}42$.
Man trägt $P(A)$, $P(\bar{A})$, $P(A \cap B)$; $P(\bar{A} \cap B)$ in die Vierfeldertafel ein und liest die Wahrscheinlichkeit $P(B)$ ab:

	B		
A	0,24	0,16	0,4
	0,42	0,18	0,6
	0,66	0,34	1,0

Es gilt $P(B) = 0{,}66$ und damit für die gesuchte Wahrscheinlichkeit

$$P_B(\bar{A}) = \frac{P(B \cap \bar{A})}{P(B)} = \frac{0{,}42}{0{,}66} \approx 0{,}64.$$

64 % der männlichen Mitglieder sind also nicht älter als 50 Jahre.

AUFGABE 6

a) Gesucht ist die Wahrscheinlichkeit von B: Hauptgewinn, also 5 Zahlen und 2 Sterne:

$$P(B) = \frac{1}{\binom{50}{5} \cdot \binom{9}{2}} = \frac{1}{76\,275\,360} \approx 1{,}31 \cdot 10^{-8}$$

b) Man definiert das Ereignis:
D: mindestens ein Hauptgewinn
In Fällen, wo nach „mindestens" oder „höchstens" n bestimmter Ergebnisse gefragt wird, ist es oft sinnvoll, über das Gegenereignis zu rechnen:
Gegenereignis: $\bar{D}$: kein Hauptgewinn
Dann beträgt die Wahrscheinlichkeit für $\bar{D}$:

$$P(\bar{D}) = \frac{\binom{155}{10} \cdot \binom{5}{0}}{\binom{160}{10}} \approx 0{,}7211.$$

Denn: 40 Lose sind schon verkauft, 160 sind also noch da; die Anzahl der Möglichkeiten, 10 Lose aus diesen 160 zu kaufen, ist also $\binom{160}{10}$.
Die noch vorhandenen Lose werden in zwei Gruppen aufgeteilt – Hauptgewinn-Lose und Nicht-Hauptgewinn-Lose. Unter den 10 gekauften Losen soll kein Hauptgewinn sein, von den noch vorhandenen Hauptgewinn-Losen soll also keines gekauft werden, die Anzahl Möglichkeiten, aus den Hauptgewinn-Losen keins zu erwerben, ist damit $\binom{5}{0}$; damit müssen die 10 gekauften Lose aus dem Pool von „200 Lose minus 40 verkaufte Lose minus 5 Hauptgewinn-Lose = 155 Lose" stammen; dafür gibt es $\binom{155}{10}$ Möglichkeiten.
Daraus berechnet man:
$P(D) = 1 - P(\bar{D}) \approx 1 - 0{,}7211 = 0{,}2789$.
Die gesuchte Wahrscheinlichkeit beträgt also 27,9 %.

WAHRSCHEINLICHKEITSVERTEILUNGEN

AUFGABE 1

Da es sich um ein Laplace-Experiment handelt, ist die Wahrscheinlichkeit für jede Augenzahl gleich groß, die Wahrscheinlichkeit ist gleichverteilt.

AUFGABE 2

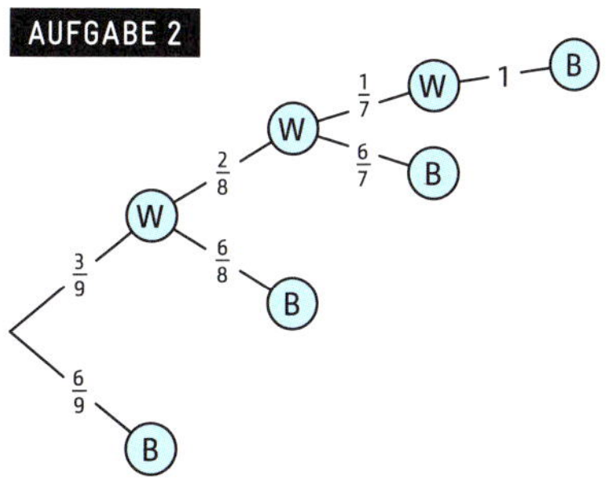

Folgende Ergebnisse sind möglich: b, wb, wwb, wwwb. Die Zufallsgröße X kann also die Werte $x_i \in \{1;2;3;4\}$ annehmen.
Die entsprechenden Wahrscheinlichkeiten betragen: $P(b) = \frac{2}{3}$, $P(wb) = \frac{1}{4}$, $P(wwb) = \frac{1}{14}$, $P(wwwb) = \frac{1}{84}$.
Daraus errechnet sich der Erwartungswert zu:

$$E(X) = 1 \cdot \frac{2}{3} + 2 \cdot \frac{1}{4} + 3 \cdot \frac{1}{14} + 4 \cdot \frac{1}{84} = \frac{10}{7} \approx 1{,}429.$$

AUFGABE 3

a) Erwartungswert = Mittelwert:

$$E = 1 \cdot \frac{36}{200} + 2 \cdot \frac{52}{200} + 3 \cdot \frac{60}{200} + 4 \cdot \frac{14}{200} + 5 \cdot \frac{38}{200} = \frac{283}{100} = 2{,}83$$

Varianz:
$V = (1 - 2{,}83)^2 \cdot \frac{36}{200} + (2 - 2{,}83)^2 \cdot \frac{52}{200} + (3 - 2{,}83)^2 \cdot \frac{60}{200} + (4 - 2{,}83)^2 \cdot \frac{14}{200} + (5 - 2{,}83)^2 \cdot \frac{38}{200} \approx 1{,}78$

Standardabweichung:
$\sigma = \sqrt{V} \approx 1{,}33$

b) Die Besucher im zweiten Kino beurteilten den Film im Schnitt schlechter und waren in ihrer Meinung einheitlicher (geringere Streuung).

AUFGABE 4

Ein Treffer „Zahl" hat die Wahrscheinlichkeit $p = \frac{1}{2}$. Die Anzahl Versuche (Länge der Bernoulli-Kette) ist $n = 5$. Anwendung der Formel ergibt:

a) $P(A) = P(X = 3) = B_{5;0,5}(\{3\})$
$= \binom{5}{3} \cdot \left(\frac{1}{2}\right)^3 \cdot \left(\frac{1}{2}\right)^2 = \frac{5}{16} = 0{,}3125.$

b) Bei dieser Aufgabe kommt man über das Gegenereignis $\overline{B}$ = „Es tritt keinmal Zahl auf" schneller zum Ziel:
$P(B) = P(X \geq 1) = 1 - P(X < 1)$
$= 1 - P(X = 0) = 1 - B_{5;0,5}(\{0\})$
$= 1 - \binom{5}{0} \cdot \left(\frac{1}{2}\right)^0 \cdot \left(\frac{1}{2}\right)^5 = 1 - \frac{1}{32} \approx 0{,}96875$

c) $P(C) = P(X = 0) = \frac{1}{32} = 0{,}03125$

d) $P(D) = P(X \leq 2)$
$= P(X = 0) + P(X = 1) + P(X = 2)$
$= \frac{1}{32} + B_{5;0,5}(\{1\}) + B_{5;0,5}(\{2\})$
$= \frac{1}{32} + \binom{5}{1} \cdot \left(\frac{1}{2}\right)^1 \cdot \left(\frac{1}{2}\right)^4 + \binom{5}{2} \cdot \left(\frac{1}{2}\right)^2 \cdot \left(\frac{1}{2}\right)^3 = \frac{1}{2} = 0{,}5$

AUFGABE 5

a) Die Anzahl der pro Monat produzierten DVD-Player beträgt $21 \cdot 400 = 8400$.
Die Zufallsvariable X gibt die Anzahl der mangelhaften DVD-Player an und genügt der Binomialverteilung $B_{8400;\frac{1}{20}}$.
Der Erwartungswert ist $E(X) = 8400 \cdot \frac{1}{20} = 420$, pro Monat muss also mit 420 defekten DVD-Playern gerechnet werden.

b) Die Zufallsvariable Y gibt die Zahl der mangelhaften Geräte unter 40 DVD-Playern an und ist $B_{40;\frac{1}{20}}$-verteilt. Die gesuchte Wahrscheinlichkeit ist
$P(X \leq 1) = B_{40;\frac{1}{20}}(X \leq 1) \approx 0{,}399.$
Die Wahrscheinlichkeit, aus 40 Geräten höchstens ein mangelhaftes auszuwählen, beträgt also 39,9 %.

AUFGABE 6

X ist binomialverteilt mit $n = 180$ und $p = \frac{1}{3}$.
Wegen $n \cdot p \cdot (1 - p) = 40 > 9$ ist es erlaubt, die Binomialverteilung durch eine Normalverteilung anzunähern.
Es ist $\mu = n \cdot p = 60$ und $\sigma = \sqrt{n \cdot p \cdot (1 - p)} \approx 6{,}32$.
Mithilfe der Näherungsformel
$B_{n;p}(X \leq k) \approx \phi\left(\frac{k - \mu + 0{,}5}{\sigma}\right)$
berechnet man:

a) $P(X \leq 65) \approx \phi\left(\frac{65 - 60 + 0{,}5}{6{,}32}\right) = \phi(0{,}87) = 0{,}8078$

b) $P(50 < X \leq 70)$
$= P(X \leq 70) - P(X \leq 50)$
$= \phi\left(\frac{70 - 60 + 0{,}5}{6{,}32}\right) - \phi\left(\frac{50 - 60 + 0{,}5}{6{,}32}\right)$
$= \phi(1{,}66) - \phi(-1{,}50)$
$= 0{,}8847$

AUFGABE 7

a) Getestet wird die Nullhypothese H_0: $p = 0{,}3$ für „Zuschauer kennt Werbespot" für $n = 100$. Die Gegenhypothese ist H_1: $p > 0{,}3$ (der Anteil ist größer geworden). Es handelt sich um einen einseitigen Test mit $\alpha = 0{,}1$. Die Zufallsvariable X (Anzahl der Zuschauer, die den Spot kennen) ist $B_{100;0,3}$-verteilt.
Man berechnet:
$P(X \geq 36) = 1 - B_{100;0,3}(X \leq 35) = 0{,}1161$
$P(X \geq 37) = 1 - B_{100;0,3}(X \leq 36) = 0{,}0799$
Der Ablehnungsbereich ist also $\overline{A} = \{37; 38; ...; 100\}$.

b) Ist $p = 0{,}4$, so wird H_1 wahr; X ist nun $B_{100;0,4}$ verteilt. Die Wahrscheinlichkeit, einen Fehler 2. Art zu machen, beträgt:
$\beta = P(X \leq 36) = B_{100;0,4}(X \leq 36) = 0{,}2386$, also ca. 24 %.

AUFGABE 8

a) Der Binomialkoeffizient $\binom{8}{k}$ berechnet die Anzahl der möglichen Wege, die zu dem k-ten Behälter führen.
Der Term $\left(\frac{1}{2}\right)^8$ ist die Wahrscheinlichkeit für jeden der möglichen Wege, die die Kugel nehmen kann.
$\frac{1}{2}$ ergibt sich aus der Wahrscheinlichkeit, mit der die Kugel nach links oder rechts fällt. Sie ist bei gerade gestelltem Brett gleich. Sie wird mit 8 potenziert, da es 8 Stufen gibt, auf denen die Kugel sich „entscheiden" muss.

b) Wenn das Brett schräg gestellt wird, sodass die Kugel dreimal so häufig nach links wie nach rechts fällt, dann ändert sich die Wahrscheinlichkeit, mit der die Kugel nach links fällt, zu $p = \left(\frac{3}{4}\right)$. Die Formel muss deshalb jetzt lauten:
$P(X = k) = \binom{8}{k} \cdot \left(\frac{3}{4}\right)^k \cdot \left(\frac{1}{4}\right)^{8-k}$, $k = 0, 1, ..., 8$.

c) Für $k = 5$ erhält man
$P(X = 5) = \binom{8}{5} \cdot \left(\frac{1}{2}\right)^8 = \frac{8 \cdot 7 \cdot 6 \cdot 5 \cdot 4}{1 \cdot 2 \cdot 3 \cdot 4 \cdot 5} \cdot \frac{1}{256} = \frac{7}{32}$
$= 0{,}21875.$
Mit einer Wahrscheinlichkeit von ca. 22 % landet die Kugel im 5. Behälter.